PIERRE ROBERT SABADY

BIOLOGISCHER SONNENHAUSBAU

PIERRE ROBERT SABADY
DIPL. ARCHITEKT

BIO LOGISCHER SONNEN HAUSBAU

Die Kunst
naturgerecht und energiesparend zu bauen

Ein Handbuch für Fachmann und Bauherr

HELION-VERLAG 8022 ZÜRICH

Meiner Familie
sowie den Herren Dr. H. Palm
und Dr. A. Vogel gewidmet.

ISBN 3-85726-009-2

Umschlaggestaltung, Layout und
Illustrationen: P. R. Sabady
Druck: CVB Buch + Druck, Zürich,
Schweiz
Printed in Switzerland

Inhaltsverzeichnis

Vorwort
oder
warum ein echtes Sonnenhaus biologisch sein muss

Das Wort «Bios» bedeutet Leben. Biologisch, das heisst lebensgerecht und dadurch natürlicherweise energiesparend zu bauen, war das wesentlichste Kennzeichen aller Wohnarchitekturen der Geschichte. Die Baumeister früherer Kulturen wussten vorwiegend instinktiv, wo und wie man Häuser baut, die dem Bewohner unter den technischen Gegebenheiten der Epoche und im Einklang mit den spezifischen Umwelteinflüssen den optimalen und echten Wohnkomfort ermöglichen. Zwischen Natur, Mensch und Bautechnik herrschte eine gewisse Harmonie, welche dem Einzelnen meistens eine umweltgerechte und menschenfreundliche Behausung gewährleistete. Durch die naturnahe und der klimatischen Lage angepasste Lebensart war der Energiebedarf niedrig und die Erhaltung einer gesunden Umwelt auf Erden für alle Zeiten gesichert.

Erst mit dem Aufkommen des Industriezeitalters, welches in der Baukunst für wenige Jahrzehnte den Triumph eines unnatürlichen, menschenfeindlichen und energieverschwenderischen «Kubusklotz»-Baustils ermöglichte, wurde das seit Jahrtausenden bestehende Gleichgewicht zwischen Natur und Architektur in grossem Massstab zerstört. Das Bauen wurde oft zur Umweltzerstörung und das Leben im Haus nicht selten gesundheitsgefährdend.

Durch das ständig wachsende Umweltbewusstsein der Bevölkerung und seit der weltweiten Anwendung der Sonnenenergie sind jedoch die ersten Zeichen für ein alles umfassendes Umdenken gegeben. Die erfreulich schnellen technischen Fortschritte auf dem Gebiet der Sonnenenergienutzung geben neue Hoffnungen, nicht nur im Bereich der Solarbautechnik, sondern auch für die Baukunst in ihrer Gesamtheit.

Was man jedoch unbedingt vermeiden sollte, ist eine wiederum einseitige Technisierung der Solararchitektur. Wir dürfen die Fehler der nahen Vergangenheit, in welcher man mit Hilfe der Technik gegen die Naturgesetze zu bauen versuchte, nicht wiederholen. Die moderne Solartechnik und Bauphysik sowie die traditionellen und neuen baubiologischen Erkenntnisse sollten uns ermöglichen, eine harmonische Bauweise zu definieren, die nicht nur energieoptimiert, sondern auch wieder gesundheitsfördernd und naturgerecht sein wird.

Dieses Buch möchte eine praxisnahe Planungshilfe für jene Fachleute und Bauherren sein, die endlich erkennen, welch unermesslich wichtige, biologische Rolle die Architektur im Leben des Menschen zu erfüllen hat.

1. Ist der Hausbau ein Naturgesetz? oder was wir von der Natur und aus der Tradition lernen können

Sein «Nest» zu bauen ist ein tiefes Verlangen fast jedes Menschen. Man könnte diesen Wunsch beinahe als Trieb bezeichnen, ein von der Natur gesteuertes Bedürfnis, genau wie dies bei vielen anderen Lebewesen auf der Erde der Fall ist. Wenn in der Natur lebende Geschöpfe ihre Nester bauen, achten sie darauf, dass das «Baukonzept» und die Baustoffe ihrem eigenen Wesen entsprechen. Sie wissen instinktiv, dass das so konzipierte und sie vor Klimaeinflüssen und vor verschiedenen Gefahren schützende «Haus» im Grunde genommen eine echte Lebensfunktion zu erfüllen hat, ähnlich wie die eigene Haut. Das «Haus» des Baumes ist seine Rinde; das «Haus» des Tieres kann nebst der eigenen Haut auch eine Hülle von körperfremden Materialien sein, deren Schutzfunktionen jedoch harmonisch auf die körpereigene Hauttätigkeit naturgerecht abgestimmt sind. Kein Lebewesen dieser Erde baut «Häuser» gegen seine eigene Natur.

Und der Mensch? Sein «Nest» wird von fremden Menschen, meistens gemäss naturentfernten, intellektualisierten Ideen und nicht selten mit lebensfeindlichen Baustoffen in vorwiegend unnatürlichen Formen gebaut. Kann eine Familie, die für viel Geld oft einen «modernen Kubusklotz» aus Beton, Stahl, Glas und Kunststoff erhält, noch behaupten, dass sie ihr «Nest» hat? Ein Haus, dessen meistbenützte Baustoffe und Formen in der Natur praktisch nie vorkommen, kann auch seinen Bewohnern gegenüber nur naturwidrig und wesensfremd sein.

Das Hauptziel des biologischen Sonnenhausbaues ist, endlich die echten Wohnbedürfnisse des Menschen neu zu definieren und durch naturgerechte Baustoffe und Konstruktionsmethoden weitgehend zu erfüllen versuchen. Nur die Beachtung der Naturgesetze in allen Bereichen der Bauplanung kann uns erlauben, Häuser zu bauen, die durch ganzheitlich optimierte Schutzfunktionen nicht nur energiesparend, sondern auch gesundheitsgerecht werden. Pflanzen und Tiere, die oft als geniale Baumeister und Ingenieure der Natur auftreten, geben uns Tausende von Vorbildern für die naturgerechte Lösung der technischen Probleme. Sanft und auf natürliche Weise kann man auch effektvolle Wirkungen erzielen, die die Resultate einer brutalen Technologie tausendfach übertreffen können.

Besonders das wärmetechnische Verhalten der Pflanzenwelt zeigt eine vorbildliche Anpassungsfähigkeit gegenüber den Klimaeinflüssen. Durch

Hautstrukturen, die die unendlich vielfältigen Möglichkeiten der kleinen Wärmeleitung, der grossen Atmungsfähigkeit, der Isolierung durch Poren, Fasern oder Reflektion, Eigenbeschattung usw. ganz perfekt ausnützen, schützt sich die Pflanze natürlicherweise einfach, aber sehr, sehr wirkungsvoll. Auch kennen die Pflanzen die Wirkung der Formen, bezüglich Energiebedarf sowie auf das Leben im allgemeinen. Hat man schon je einen Baum oder eine Blume mit harten, kubischen Formen gesehen?
Auch die Bautradition unserer Vergangenheit ist voll von Beispielen, in welchen die Beachtung und Nutzung einfacher Naturgesetzmässigkeiten Bauten ermöglichten, deren energietechnischen und wohnhygienischen Qualitäten bis heute unvergleichbar wertvoll sind. Hypokaust-Strahlungsheizung, Kachelöfen, Holzkamine, Wintergärten, harmonische Bauformen bezüglich Wärme- und Lebensenergien und viele andere Erkenntnisse sind seit Jahrtausenden bekannte Möglichkeiten der Architektur, die auf natürliche Weise zur Energieeinsparung und zur Gesundheit im Wohnbereich führen.
Wir müssen die Natur und die Tradition wieder studieren, da sie für uns in allen Bereichen des Hausbaus eine nicht zu unterschätzende Fundgrube für wertvolle Ideen darstellen. Die «sanfte Technologie» der Natur und der jahrtausendlange Erfahrungsschatz der Architekturgeschichte könnten unserer Zivilisation Problemlösungen suggerieren, die durch ihre Einfachheit und Harmonie neue Impulse für die moderne Bautechnik darstellen würden. Kopieren können wir nicht; wir sollten dies auch nicht versuchen zu tun. Den Geist in der Architektur der Natur und in der Bautradition zu begreifen und zeitgemäss anzuwenden, ist dringende Notwendigkeit. Diese Betrachtungsweise könnte dem Planer und der Bauherrschaft ermöglichen, endlich Bauten zu konzipieren, die den Bewohnern trotz Berücksichtigung der modernsten Bautechnik ein natürlich gesundes und energiesparendes Wohnen gewährleisten werden.

Bild 3
Das vernünftig konzipierte Bauernhaus ist Beispiel für naturgerechtes und energiebewusstes Bauen

2. Unsere totale Strahlungsumwelt oder wie die kosmischen und irdischen Energien biologisch und wärmetechnisch wirken

Die Strahlung

Strahlung nennt man eine von einem Punkt aus geradlinig, rasch bewegte Materie. Diese von einer Strahlenquelle ausgehenden Stoffe sind scharf gebündelte Teilchen oder Energieströme. In der kosmischen Natur existieren Millionen verschiedenartiger Strahlen. Unsere moderne Wissenschaft kennt bereits etwa 1500 davon. Aber wieviele Strahlen kennt die Architektur? Ist es für einen Architekten oder für einen Bauherrn notwendig, die Existenz einer alles umfassenden, vorwiegend unsichtbaren Strahlungsumwelt zur Kenntnis zu nehmen? Die Resultate der modernsten Forschungen zeigen uns, dass die Frage eindeutig mit einem Ja beantwortet werden muss. Wir erfahren jedoch gleichzeitig, dass die allgemein bekannten sichtbaren Lichtstrahlen und die unmittelbar spürbaren Wärmestrahlen nur einen winzig kleinen Teil einer unsichtbaren, totalen Strahlungsumwelt ausmachen. Wir werden umdenken müssen, um die Weltraumstrahlung in ihrer Ganzheit als höchstes Naturgesetz betrachten zu können. Strahlen erlauben uns Energie zu sparen, gesund zu werden; sie können aber in gewissen Fällen viel Unheil bringen. Welche sind die wichtigsten Strahlungen, die einen Einfluss auf die Architektur und auf das Wohnen haben, insbesondere was Energiesparen und Wohnhygiene anbetrifft?

Die totale, unsichtbare Strahlungsumwelt

2.1. Die Solarstrahlung

Das irdische Leben ist ohne die Strahlung der Sonne unvorstellbar. Sonnenstrahlen sind die allerwichtigsten Träger der Lebensenergie für unseren Planeten. Sie selbst sind jedoch nur ein Teil der kosmischen Strahlungsumwelt, ein glücklicher Spezialfall für die Erde und ihre Bewohner.

Die Sonnenstrahlen beinhalten ein grosses Spektrum verschiedener Strahlungen, von welchem nur ein winzig kleiner Bereich für unsere Augen sichtbar oder für unsere anderen Sinne direkt spürbar ist. Die Wellenlängen reichen von wenigen Hundertmillionstel-Millimetern bei Gammastrahlen bis zu mehreren Metern bei Radiowellen. Ein Teil der Sonnenstrahlung, welche am Aussenrand der irdischen Lufthülle noch eine Intensität von 1394 W/m^2 hat (Solarkonstante), wird beim Durchdringen verschiedener atmosphärischer Schichten teilweise absorbiert, reflektiert oder gestreut. So wird unsere Erde durch eine geschwächte

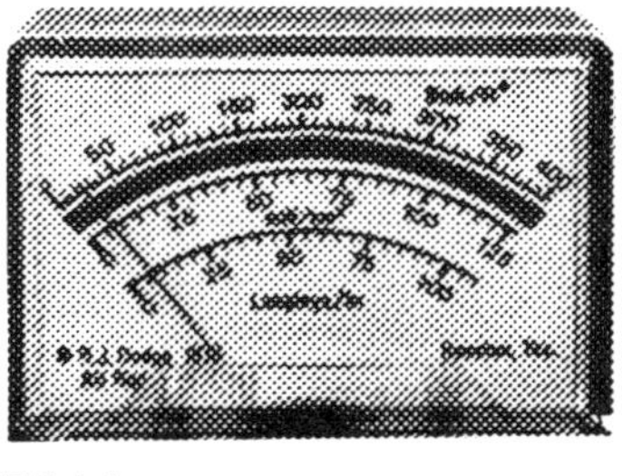

Bild 4
Messgerät für Solarstrahlungsermittlung (Dok. Gräff)

Tabelle 1

Höhenwinkel der Sonne zu Mittag in verschiedenen geographischen Breiten zu den Solstitien und zur Sommer- und Winter-Sonnenwende in °

Geographische Breite ° N	0	23,5	40	50	66,5	90
21. März	90	66,5	50	40	23,5	0
21. Juni	66,5	90	73,5	63,5	47	23,5
21. September	90	66,5	50	40	23,5	0
21. Dezember	66,5	43	27,5	17,5	0	0

Tabelle 2

Solarstrahlungsintensitäten in 400 Meter Höhe über Meer (48 ° N)

	Wetterlage				
	klarer Himmel	dunstig klar	leicht bedeckt	stark bedeckt	sehr trüb
Globalstrahlung	1000 W/m²	1000 W/m²	600 W/m²	200 W/m²	100 W/m²
Diffuse Strahlung	10 %	50 %	30 %	100 %	100 %

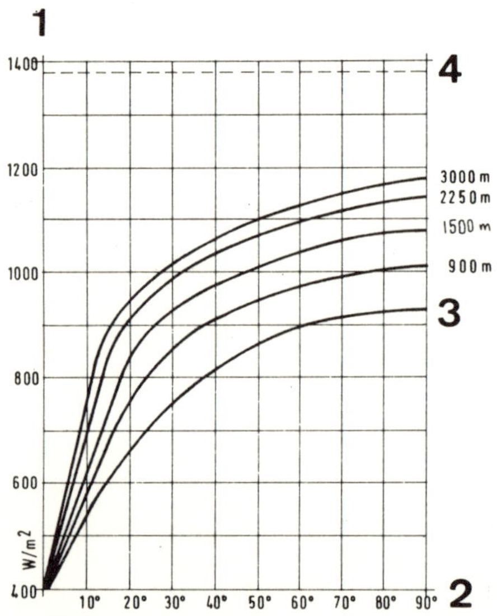

Bild 5
Intensität der Solarstrahlung bei verschiedenem Einstrahlungswinkel (nach Szokolay)
1 Strahlungsintensität in W/m²
2 Neigungswinkel
3 Meereshöhe
4 Solarkonstante

direkte Strahlung und durch die diffuse Strahlung erreicht. Die Summe der direkten und diffusen Strahlung wird Globalstrahlung genannt. Für unsere Gesundheit ist die natürliche Dosierung der Lichtstrahlen, Wärmestrahlen und UV-Strahlen besonders wichtig, und auch die anderen, teils vielleicht noch unbekannten Radiationen, die für die verschiedensten positiven oder negativen Klimareize bestimmend sind.
Was die technischen Anwendungen anbetrifft, sind die besonders massgebenden Begriffe wie Sonnenscheindauer, Strahlungsintensität, Sonnenschein-Wahrscheinlichkeit, Bewölkung, Nebelhäufigkeit usw. alle mit einfachen meteorologischen Geräten messbar. Als allerwichtigste Angabe sollten wir zur Kenntnis nehmen, dass die Erde 180 000 Milliarden Kilowatt Sonnenenergie erhält, etwa 180 000 Mal mehr als die Energiemenge, welche die heutige Zivilisation, Verschwendungen inbegriffen, benötigt. Wenn wir für diese Energie sogar nur einen Grossabnehmerpreis zahlen müssten, so würden alle Goldvorräte der Welt lediglich für wenige Minuten Sonnenschein reichen. Energiekrisen sind, bei der Beachtung der kosmischen Naturgesetze, genausowenig logisch wie die Nutzung umweltzerstörender und gesundheitsschädlicher Energien. Die verschiedenen energietechnischen Anwendungsmöglichkeiten der Sonnenenergie für Warmwasserbereitung, Raumheizung, Schwimmbadheizung, Raumkühlung und andere wurden in meinen beiden Büchern «Haus und Son-

Bild 6
Kurven gleicher Solareinstrahlung
in kWh/m² · Jahr (nach Szokolay)

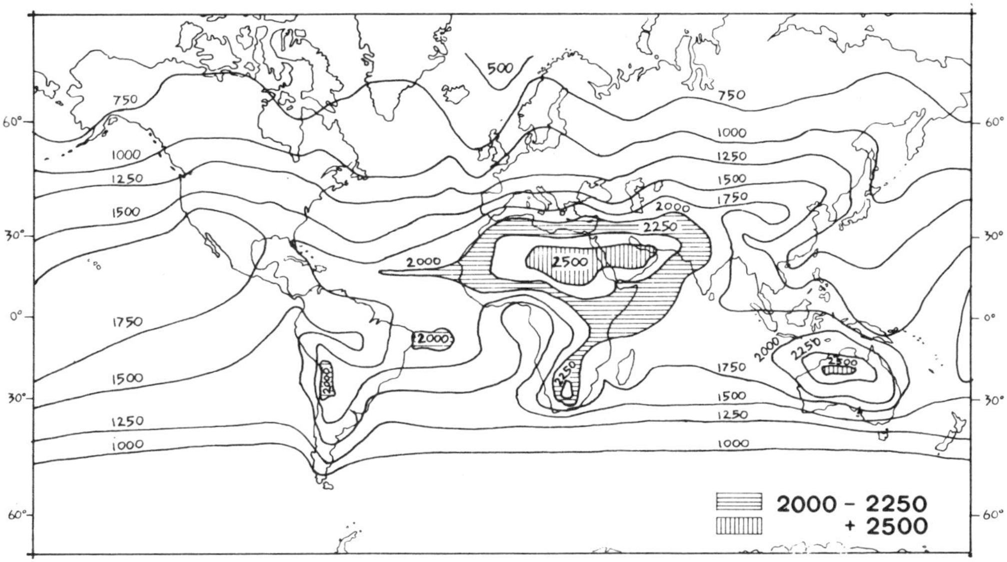

Bild 7
Kurven gleicher kosmischer
Strahlungsintensität (nach Compton)

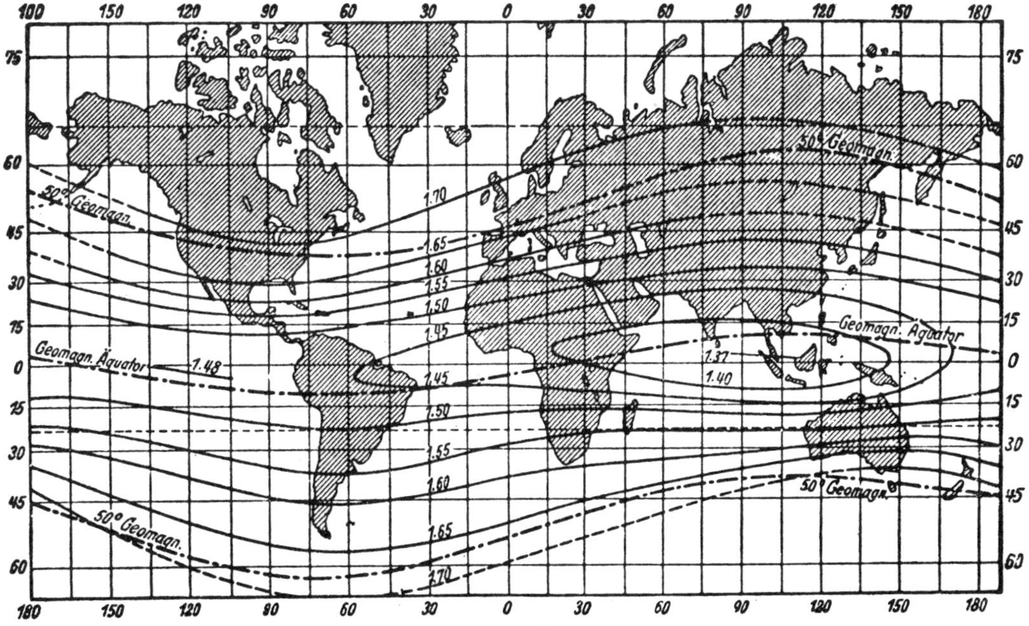

nenkraft – Wissensgrundlage für Solarbautechnik» und «Wie kann ich mit Sonnenenergie heizen? – Ein praktischer Ratgeber für Bauherr und Heimwerker» detailliert beschrieben? Das naturgerechte Verhältnis zwischen Sonne und Architektur im allgemeinen ist noch ein weitgehend unerforschtes Gebiet, dessen eminente Bedeutung bezüglich Energieeinsparung und Wohnhygiene erst heute in seiner Ganzheit langsam erkannt wird.

2.2. Die kosmischen Strahlen

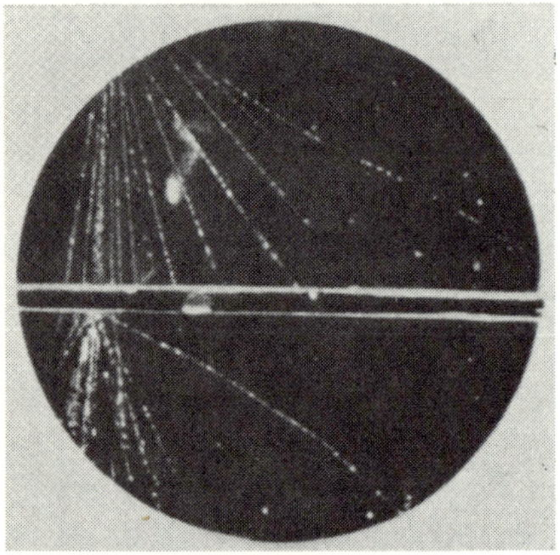

Bild 8
Mikroskopische Fotografie der kosmischen Schauerstrahlen (nach Eugster)

Der Nobelpreisträger Professor Dr. V. F. Hess war der Entdecker der sogenannten Weltraumstrahlung, deren biologischer Einfluss auf das Lebendige als sehr wesentlich beurteilt werden kann. Die kosmische Strahlung ist eine Teilchenstrahlung aus sehr energiereichen Protonen und leichteren Atomkernen, die aus dem Weltraum auf die Erdatmosphäre trifft und nach vielen Umwandlungen sogar noch in die feste Erdrinde und ins Meer eindringt. Die biologischen Wirkungen der kosmischen Strahlen auf Pflanzen und Tiere wurden von Dr. J. Eugster mittels unzähliger Experimente untersucht. Nach langjährigen Forschungsarbeiten konnte er feststellen, dass die kosmischen Strahlen beim Auftreffen auf Metallflächen (z. B. Blei und Eisen) in sekundäre Schauerstrahlen zerlegt werden, die für Pflanzen und Tiere höchst gesundheitsgefährdend sein können. Da die modernen Baumethoden immer mehr Metall beinhalten, wäre es notwendig zu untersuchen, welchen Effekt die kosmischen Schauerstrahlen auf Menschen haben, die Bauten aus viel Stahl und anderen Metallen bewohnen. Die kosmischen Strahlen können durch die Ionisationskammermethode durch die Zählermethode und auch mit Hilfe verschiedener photographischer Methoden gemessen werden. Allgemein betrachtet, können nicht nur die Hessschen Strahlen, sondern auch alle anderen Radiationen als kosmisch angesehen werden, da alle Strahlungsarten ihren Ursprung im Kosmos haben.

Tabelle 3
Die wichtigsten kosmischen Strahlungsgruppen (nach Geiger und Fünfer)

Bezeichnung	Art und Energiestufe der Strahlung
A-Strahlen	Primärstrahlung, 10^{10} bis 10^{11} · E-Volt
B-Strahlen	Elektromagnetische Wellenstrahlung aus A
C-Strahlen	Sekundäre Schauerstrahlung aus A und B
D-Strahlen	Photonen, als Bremsstrahlung aus C
E-Strahlen	Sekundäre Elektronen, 1 bis 10 Millionen E-Volt

2.3. Die elektromagnetische Feldstrahlung

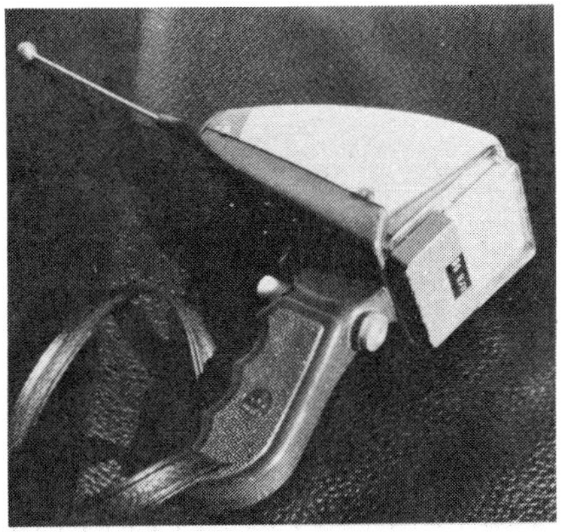

Bild 9
Feldsonde zur Messung des elektrischen Gleichstromfeldes

Die Weltraumstrahlungen und insbesondere die Strahlungseffekte der Sonne erzeugen in und um unsere Erde ein elektromagnetisches Strahlungsfeld, welches alle irdischen Lebensvorgänge steuert. Das Gesamtspektrum dieses elektromagnetischen Strahlungsfeldes beinhaltet Frequenzen, deren Länge von Milliardstel-Millimetern bis zu Tausenden von Kilometern reicht. Zwischen Himmel und Erde herrscht eine elektrische Spannung von mehreren Millionen Volt, und in unseren Lebensbereichen auf der Erdoberfläche kann man mit einfachsten Feldsonden die jeweils vorhandenen lebensnotwendigen Feldspannungen messen. Die natürlichen Gleichstromfeldspannungen sind orts- und wetterabhängig, auf einem Berggipfel können sie Werte von 5000 Volt pro Meter Höhenunterschied erreichen.

Dr. J. Möse, Dr. G. Fischer und Prof. Dr. S. Schuy haben nach zahlreichen Tierexperimenten festgestellt, dass bei einer drastischen Reduktion der Gleichstromfeldspannungen die Immunitätsabwehrkraft des Körpers gegenüber Krankheitserregern wesentlich absinkt. Metallische Elemente sind jedoch in der Lage, durch den sogenannten «Faraday-Käfig-Effekt» diese gesundheitsregulierenden Feldspannungen oft unter 100 Volt pro Meter zu reduzieren, weshalb in Bauten mit viel Metall die Erkrankungsgefahr für die Bewohner wesentlich höher ist.

Tabelle 4

Eindringtiefe elektromagnetischer hochfrequenter Wellen in verschiedene Gewebe bei typischen Frequenzwerten, nach Presman (in cm)

Gewebe	Frequenz (MHz)							
	100	200	400	1000	3000	10 000	24 000	35 000
Knochen	22.90	20.66	18.73	11.90	9.924	0.34	0.145	0.073
Gehirn	3.56	4.132	2.072	1.933	0.476	0.168	0.075	0.0378
Körper	2.17	1.69	1.41	1.23	0.535	0.195	0.045	0.0314
Fett	20.45	12.53	8.52	6.42	2.45	1.1	0.342	–
Muskel	3.451	2.32	1.84	1.456	–	0.314	–	–
Blut	2.86	2.15	1.787	1.40	0.78	0.148	0.0598	0.0272
Haut	3.765	2.78	2.18	1.638	0.646	0.189	0.0722	–

Bild 10
Gerät zur sonoren Wahrnehmung elektrischer Wechselstromfelder

Die elektrischen Wechselstromfelder, meistens durch zivilisationsbedingte Technologien erzeugt, sind auch für das totale Strahlungsklima eines Ortes bestimmend. Sie können problemlos gemessen oder mit Hilfe einfachster, auf Feldsonden geschalteter Lautsprecher hörbar gemacht werden; Telefonverstärker mit eingebauten Lautsprechern ermöglichen auch die sonore Wahrnehmung der Wechselstromfelder.

Bild 11
Der Allensche elektromagnetische Strahlengürtel um die Erde (nach Reinders)

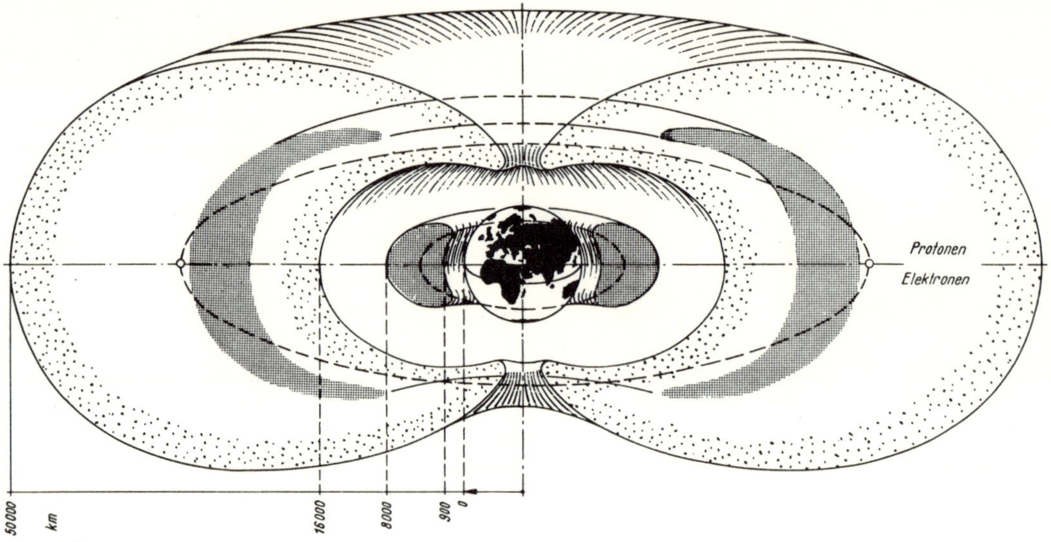

Bild 12
Unterschiedliche Dichte des luftelektrischen Gleichfeldes über Erhöhungen und Vertiefungen (nach Israel)

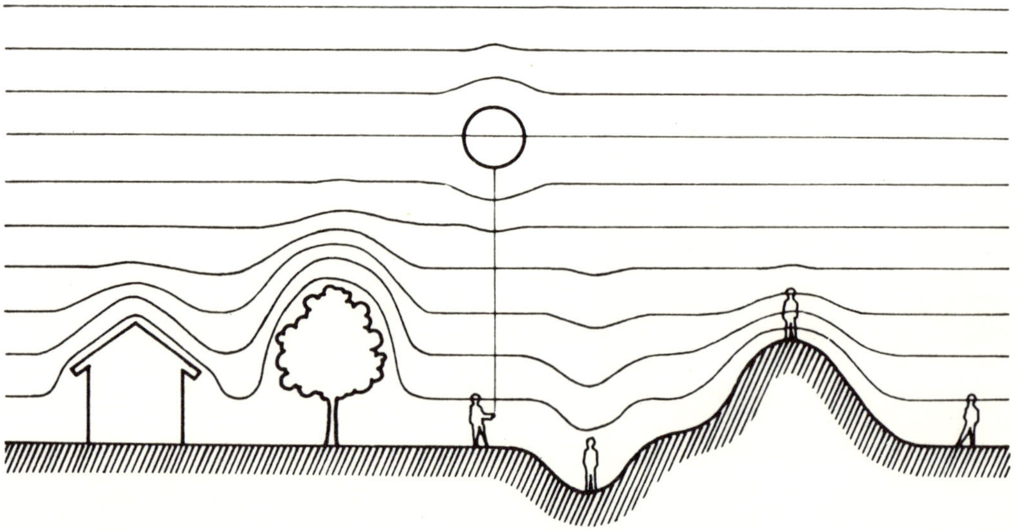

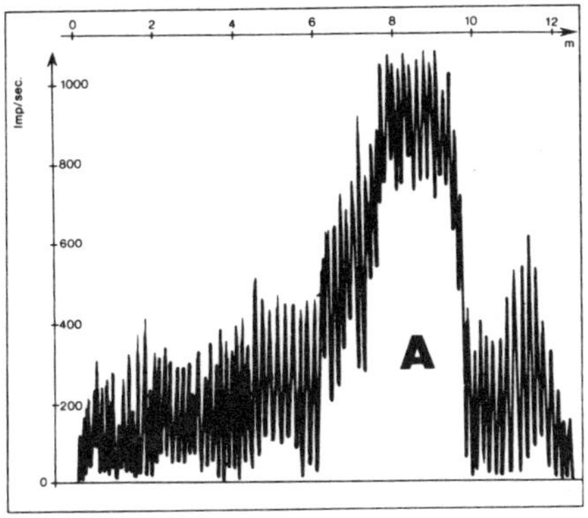

Bild 13
Messung der Erdstrahlung mittels Szintillationszähler für die geopathische Zone «A«
(nach Stängle)

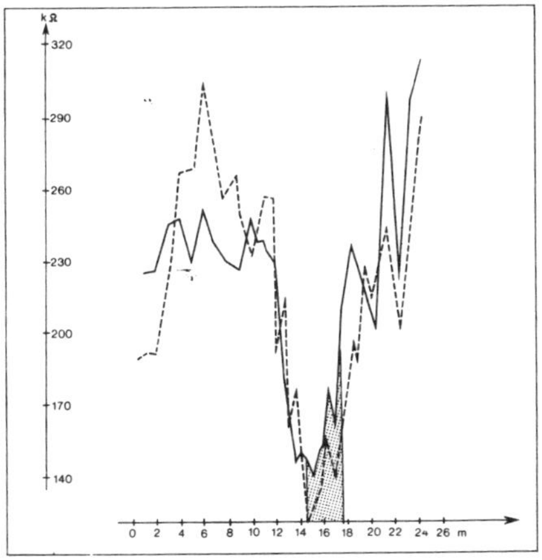

Bild 14
Verlauf des Bodenwiderstands quer über einen «Reizstreifen» in 1 Meter Tiefe. Zwei parallel versetzte Messungen ergeben ein ausgeprägtes Widerstandsminimum
(nach Wüst)

Tabelle 5
Maximal zulässige Aufenthaltsdauer in elektromagnetischen Hochspannungsfeldern
(Nach UdSSR-Vorschrift)

Feldstärke in KV/m	Minuten	Feldstärke in KV/m	Minuten
5	unbegrenzt	20	10
10	180	25	5
15	90		

Die elektrostatische Aufladung von Stoffen, welche zum Beispiel bei Oberflächen aus Polyäthylen bis zu einer Spannung von 65 000 V/m führen kann, baut auch Felder auf, die den Wohnkomfort einer Umgebung beeinflussen.
Die elektrischen, magnetischen und elektromagnetischen Felder lassen sich durch Feldlinien darstellen, deren Richtung mit der Richtung der Feldstärke übereinstimmen. Unsere Erde wird in regelmässigen Distanzen (nach Dr. Hartmann 200x250 cm) von Feldlinien mit messbaren biologischen Wirkungen durchzogen (Hauptrichtung Nord–Süd). Die Feldwirkungen in den verschiedensten Bereichen des irdischen Lebens und besonders im Wohnbereich sind so wesentlich, dass kein Planer oder Bauherr sie ausser acht lassen sollte. Die moderne Technologie hat übrigens bereits Möglichkeiten erarbeitet, um im Wohnbereich optimale Feldeffekte zu erzeugen, die das Wohlbefinden der Bewohner fördern können.

2.4. Die Erdstrahlen

Erdstrahlung ist die allgemein verbreitete Bezeichnung für die verschiedenen, aus unterirdischen Bereichen stammenden Wirkungen. Die Benennung ist nicht ganz richtig, da man heute weiss, dass diese Effekte nicht nur durch Strahlung, sondern auch durch Feldwirkung oder durch Strömung entstehen können. Die wichtigsten Ursachen dieser Phänomene sind die folgenden:

- unterirdische Wasserläufe, die magnetischen Anomalien, erhöhte elektrische Leitfähigkeit von Boden und Luft, Erhöhung der Feldstärke der Ultrakurzwellen, Intensitätssteigerung der Infrarotstrahlen und Gammastrahlen verursachen (Dr. J. Kopp, R. Endrös, Dr. J. Wüst).
- Geologische Brüche und Verwerfungen erzeugen erhöhte Gammastrahlungen, welche mit der Pfeifton-Ionisationskammer gemessen werden können (J. Williams, L. Lorenz).
- Sogenannte vagabundierende Ströme, die hauptsächlich von Schienen

elektrischer Bahnen in den Boden eindringen, verursachen auch schädliche elektrische und magnetische Feldanomalien (Dr. J. Kopp).

Die einzelnen quantitativen Wirkungen dieser Phänomene können mit modernen technischen Geräten problemlos direkt gemessen werden (z. B. Elektrometersonde mit Frequenzanalysator, Szintillationszähler usw.). Die Gesamtwirkung auf den Menschen, welche ein Problem der Qualitäten ist, kann mit technologischen Messgeräten nur indirekt gemessen werden. Das seit Jahrtausenden bekannte Messverfahren mit Hilfe verschiedener biophysikalisch wirkender Instrumente konnte in den letzten Jahren durch die Georhythmogramm-Methode von Hartmann ersetzt werden. Dieses von Dr. med. E. Hartmann entwickelte Verfahren beruht auf der Messung des Gleichstromwiderstandes der Haut über Reizzonen, bei einer Spannung von 2 Volt und einer Stromstärke von 1,25 Mikroampère. Ein einfaches, handelsübliches Ohmmeter mit zwei Handelektroden aus Messing ist notwendig, um eindeutig feststellen zu können, ob unterirdische Effekte wirklich vorhanden sind. Auch wurden schon ähnliche Geräte mit automatischer Tabelleneintragung hergestellt. Die Messungen zeigten auch, dass durch metallische Baustoffe und Bauelemente die störenden Phänomene unterirdischer Herkunft oft noch verstärkt werden. Ein anderes, mehr empirisches Verfahren ist die «Schrödersche SU-Messmethode», welche analoge Resultate zeigt. Die biologischen Wirkungen der Erdstrahlen konnten durch verminderte Fortpflanzung (Pflanzen und Mausexperimente von Dr. Jenny), anormalen Blutsenkungsverlauf (Dr. Petschke) und noch viele andere Symptome nachgewiesen werden.

Orte, die durch gesundheitsschädliche unterirdische Phänomene belastet sind, nennt man «geopathische Zonen». Besonders die Knotenpunkte zwischen den eventuellen Brüchen, Verwerfungen, Wasserläufen und die natürlichen Feldstärken-Gitter sind oft höchst gefährlich. Die bautechnischen Konsequenzen dieser Forschungsarbeiten sollten für jeden Architekten und Bauherrn eine Selbstverständlichkeit sein.

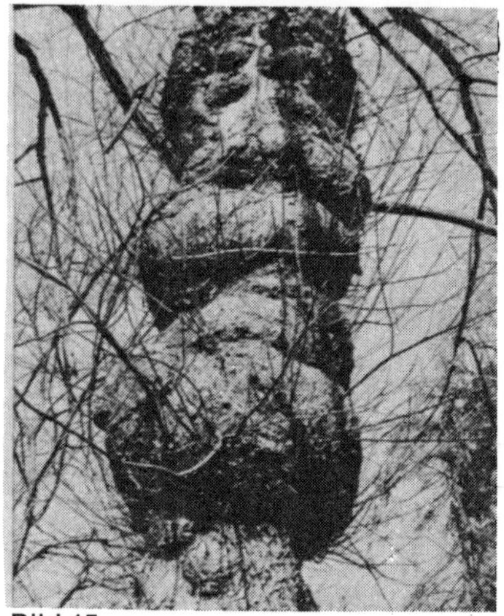

Bild 15
Erdstrahlungen können Baumkrebs verursachen (Dok. Röhrer)

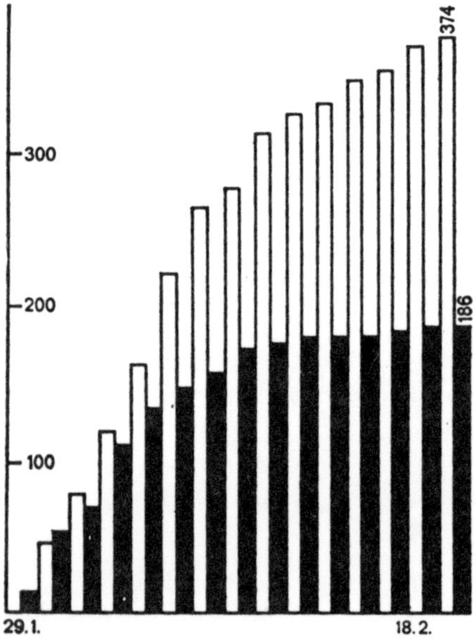

Bild 16
Mäuseversuche während zwölfeinhalb Monaten von Dr. Jenny zeigten, dass auf geopathischen Zonen ca. 50 % weniger Junge geboren werden als auf normalem Grund (186 gegenüber 374)

Tabelle 6

Wirkung geopathischer Zonen auf Pflanzenwachstum (nach Dr. Jenny)

Pflanze	Aussaat total	Aufgegangen auf neutraler Zone	Aufgegangen auf geopathischem Kreuzpunkt
Erbsen	595 Stück	169 Stück	126 Stück
Gurken	475 Stück	142 Stück	78 Stück
Bohnen	50 Stück	18 Stück	2 Stück
Radieschen	110 Stück	43 Stück	7 Stück

Bild 17
Über Grundwasserströme können erdstrahlungsbelastete Felder entstehen (nach Schröder)
1 Grundwasserströme
2 Geopathische Zone

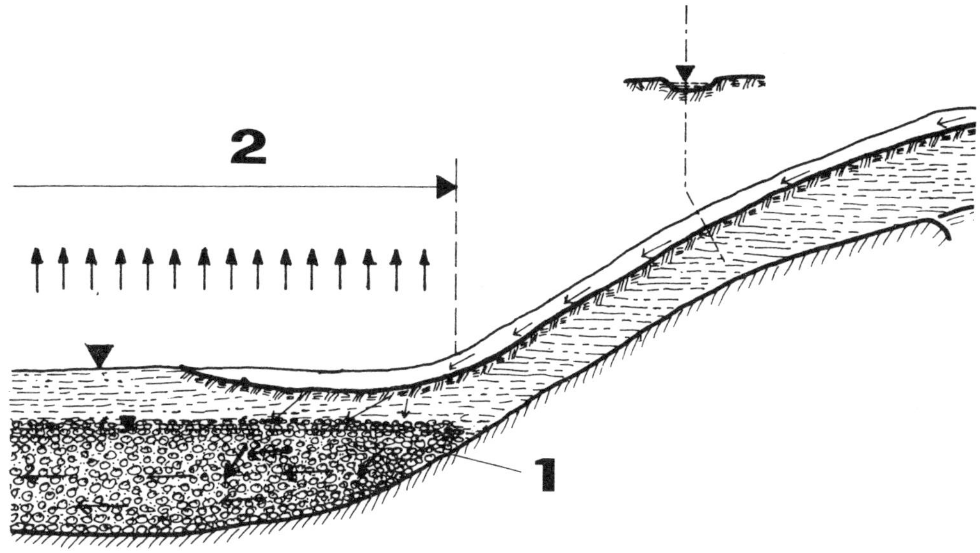

Bild 18
Geologische Brüche und Verwerfungen können auch ungesunde Erdstrahlungen verursachen (nach Lotz)
1 Normale Lage
2 Abschiebung
3 Aufschiebung
4 Blattverschiebung

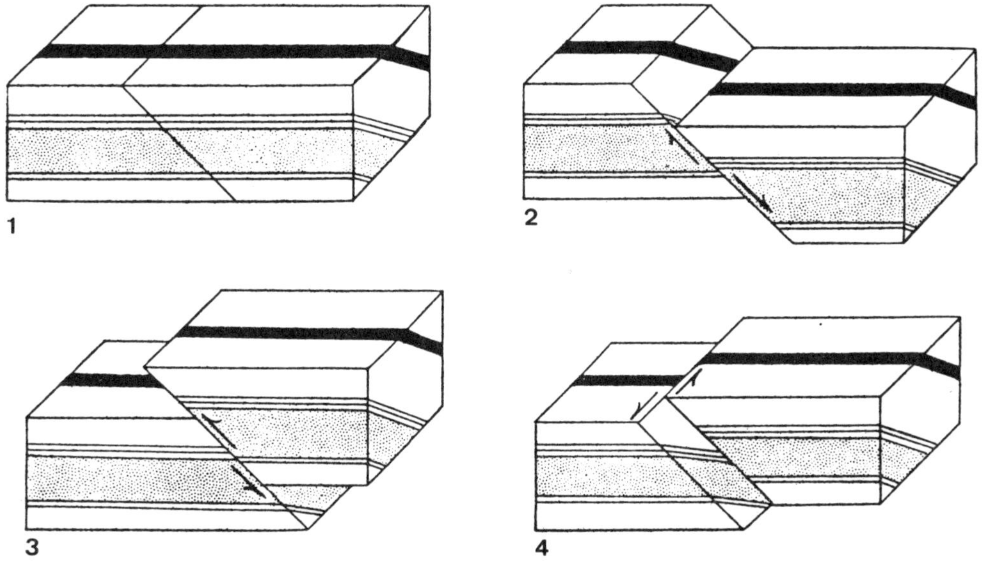

Bild 19
Kirilianische Elektrofotografie der Stoffstrahlung eines Blattes (Dok. Adamenko)

Bild 20
Stoffstrahlung einer Metallschraube, elektrofotografiert (Dok. Moss-Johnson)

2.5. Andere Strahlen

Neben den bereits erwähnten Strahlungen gibt es noch viele andere, die einen direkten oder indirekten Einfluss auf den Menschen in seinem Wohnbereich haben können. So ist zum Beispiel die radioaktive Strahlung zu erwähnen, deren Gefahr durch umweltfeindliche Energieanlagen und Geräte sowie durch Herstellung naturwidriger Baustoffe von Tag zu Tag grösser wird. Auch die durch Kirilianische Photographie sichtbar gemachten, intuitiv aber seit Urzeiten bekannten spezifischen Ausstrahlungen von Lebewesen und Objekten sollte man nicht vergessen. Sind die Kirilianischen Strahlen teils für die Sympathie oder die Abneigung gegenüber einem Baustoff verantwortlich? Vielleicht. Stoffabhängige Strahlungen, die biophysikalische Wirkungen auf «fühlende» Menschen bewirken, wurden auch von Dr. J. Wüst untersucht und als «W-Strahlung» bezeichnet. Nach seinen Forschungsarbeiten haben die W-Strahlen Wellenlängen zwischen 1 bis 70 cm und bestimmen schwingende magnetische Felder («Magnetoide Schwingungen»).

Tabelle 7
Wellenlängen stofflicher W-Strahlungen
(nach Dr. J. Wüst und Prof. J. Wimmer)

Grünes Blatt	34,8 cm	Quarz	11,1 cm
Haferkorn	22,0 cm	Kies	9,1 cm
Weizenkorn	19,0 cm		

Die moderne Technik mit ihren an Wunder grenzenden Instrumenten hat uns erlaubt, die Welt immer besser zu erkennen. Unsere Wissenschafter haben uns gezeigt, dass wir in einer totalen Strahlungswelt leben, in welcher alles von allem abhängig ist. Was früher als Wunder oder Magie galt, kann heute oft durch elektrische oder magnetische Feldtheorien erklärt werden. Makrokosmische Phänomene beeinflussen in jeder Sekunde des Tages die mikrokosmischen Effekte in unserer nächsten Umwelt. Diese Wirkungen zu kennen und zu respektieren ist eine Pflicht für jedermann, besonders für diejenigen, die ein Heim für ihre eigene Familie oder für ihre Mitmenschen bauen, denn das Haus ist nebst der eigenen Haut und deren Bekleidung unsere allernächste Umwelt. Ein ganzheitliches kosmisches Denken und Anpassung in allen Bereichen des Bauprozesses an die natürlichen Gegebenheiten unserer totalen Strahlungsumwelt ist heute infolge unserer technisierten Zivilisation wichtiger denn je. Wir müssen die positiven Kräfte unserer Technologie so einsetzen, dass die Harmonisierung gleichzeitig auf den technischen und biologischen Ebenen erfolgen kann. Die Natur lebt in ihren Strahlungen, nur durch harmonische Wellenlängen können wir mitschwingen.

3. Die Baustoffe des naturgerechten Sonnenhauses oder die ganzheitlichen Bioharmonien zwischen Konstruktionsmaterial und Hausbewohner

«Die Architektur ist erstarrte Musik», schrieb Schelling. Diese treffende Definition lässt uns eindrucksvoll fühlen, welch unermesslich wichtige Rolle die feste Materie, als Stoff der architektonischen Raumhülle, in der Baukunst zu erfüllen hat.

Quantitative und qualitative Baustoffeigenschaften

Die moderne Fachliteratur versucht, den Baustoff durch seine Festigkeit, seinen Wärmedurchlasswiderstand, Wasserdampfdiffusions-Koeffizienten und andere rein quantitative Eigenschaften zu definieren, wobei ganz vergessen wird, dass alle diese zahlenmässigen Begriffe nur eine technische Teilwahrheit bezüglich der ganzheitlichen Eigenschaften des Stoffes darstellen. Die allerwichtigste Wirklichkeit, dass ein Baustoff lebendig sein kann und über eine materialeigene Ausstrahlung mit spezifischer Aussagekraft verfügt, wird völlig ausser acht gelassen. Und trotz allen Illusionen ist genau diese qualitative Eigenschaft das Wesentliche. Das Hauptproblem der modernen Baustoffkunde ist, dass diese Ausstrahlung, welche einen Baustoff sofort freundlich oder unsympathisch, gesund oder schädlich macht, mit unseren heutigen technischen Geräten noch nicht eindeutig und direkt messbar ist, obwohl der Hausbewohner während eines grossen Teils seines Lebens ausgerechnet mit diesen qualitativen Stoffeigenschaften konfrontiert wird. Zivilisationsbedingt sind leider für den Bauunternehmer die rein technischen Materialcharakteristiken die wichtigsten, weil er dadurch manchmal schneller und scheinbar billiger produzieren kann. Aber soll man für die Produzenten bauen oder für den Benützer? Die logische Antwort müsste klar sein; die Architektur ist für die Bewohner da, und diese Tatsache sollte bereits in der Baumaterialauswahl ausschlaggebend sein. Übrigens konnte noch niemand beweisen, dass unbiologische und menschenfeindliche Baustoffe wirklich billiger und einfacher zu produzieren wären als diejenigen, die für humane Bedürfnisse von Natur aus optimiert sind. Meistens ist genau das Gegenteil die Wahrheit. Der Bauherr und sein Architekt müssen sich von Werbung und einseitigem Zahlenkult befreien können, um Baustoffe auszuwählen, welche für einen gegebenen Zweck biologisch und bautechnisch am besten geeignet sind. Die Baumeister früherer Zivilisationen besassen noch Instinkte für die Wahl der richtigen Baustoffe. Ein Haus zu bauen war meistens ein naturbestimmter Trieb, welchen wir modernen Menschen nicht mehr besitzen. Das einzige, was wir als Ersatz

Biologische und naturwidrige Baustoffe

für diese verlorene Fähigkeit noch einsetzen können, ist die Neuorientierung unseres Verstandes auf die Erkennung der echten und natürlichen Werte der Baumaterialien.
Die Baubiologie teilt die Baustoffe in vier Gruppen ein:

- Hartbaustoffe wie Kies, Granit, Quarz, Glas, Metalle usw.
- Neutrale Baustoffe wie Backstein, Kalkstein, Ton, Klinkerstoffe usw.
- Pflanzliche Baustoffe wie Holz, Kork, Kokosfasern usw.
- Tierische Baustoffe wie Wolle, Leder usw.

Für ein biologisches Sonnenhaus sollten die neutralen und pflanzlichen Baustoffe in überwiegender Menge zum Einsatz kommen.
Alle Baumaterialien können je nach Anwendungsart verschiedene Eigenschaften entfalten, die für einen bestimmten Einsatzbereich gut oder schlecht sein können. Wichtig ist die zweckmässige und harmonische Abstimmung der Baustoffe bezüglich Qualität, Quantität und Preis, wobei wir uns immer vor Augen halten müssen, dass Bauwerke nur in ihrer biologischen und technologischen Ganzheit wirklich vergleichbar sind.

3.1. Beeinflussen Baustoffe den Wohnkomfort und die Gesundheit der Bewohner?

Die kosmische Strahlungsumwelt bestimmt nicht nur alle Formen des Lebens auf Erden, sondern auch die Qualitäten der Stoffe, welche der Mensch für den Bau seiner Behausung benützt. Ob es sich um vor Jahrmillionen entstandene Steine oder um einen jungen Baum handelt, so sind diese Elemente auf ihre Weise lebendig, haben ihre eigenen Ausstrahlungen, die für Mensch und Tier segensreich oder unheilvoll sein können. Ist die Tatsache, dass sich ein gesunder Hund nie auf einen stahlarmierten Betonboden niederlegt, wenn er die Wahl hat, ein Zufall? Kaum. Forscher und Ärzte wie Dr. H. Palm, Dr. A. Schmid, Prof. Pech, M. und L. Schröder, Prof. Dr. H. König, H. Ludwig, Dr. E. Hartmann, Dr. A. Schneider, R. Endrös, J. Stängle, Dr. J. Kopp, Dr. K. Lotz, Dr. S. Lang, Prof. G. Altmann, um nur einige zu erwähnen, haben in unzähligen Experimenten eindeutig bewiesen, dass viele unserer Baustoffe – in Disharmonie mit der Umwelt, in zu grosser Menge und biologisch unzweckmässig angewendet – gesundheitsschädlich sind.
Forschungsergebnisse und praktische Erfahrungen zeigen, dass die durch Baumaterialien verursachten biologischen Effekte nach den heutigen Erkenntnissen der Wissenschaft in die fünf wichtigsten Problemgruppen eingeteilt werden können.

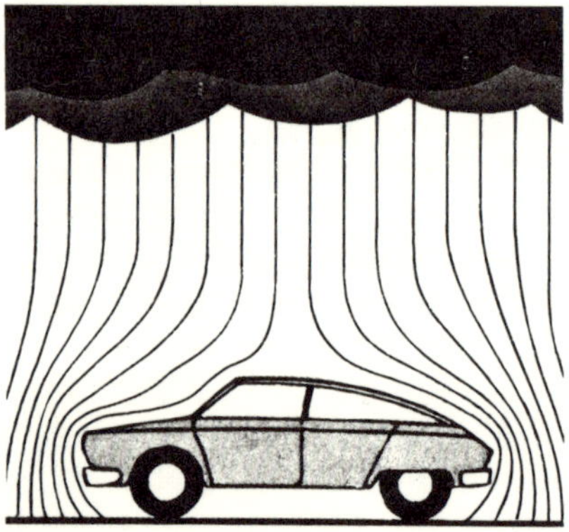

Bild 21
Schematischer Verlauf der luftelektrischen Feldlinien in einem Gewitter. Ein Bau mit viel Metall oder Eisenbeton erzeugt einen ähnlichen Faradayschen Käfig wie ein Autoblech, wodurch eine Abschirmung gegenüber der natürlichen kosmischen Umwelt erwirkt wird.

3.1.1. Nullfeldeffekt

Er entsteht dadurch, dass grossflächige metallhaltige Wand- und Deckenelemente einer «Faradayschen Käfig» bilden, welcher das natürliche

«Schlechtwetterklima» im Wohnraum

Gleichfeld des Raumes von ca. 200 Volt pro Meter auf Werte unter 100 Volt pro Meter reduziert. Dieses reduzierte Gleichfeld erzeugt ein oft konstantes «Schlechtwetterklima» im Wohnraum, das die immunen Abwehrkräfte des menschlichen und tierischen Körpers derart beeinträchtigt, dass eine erhöhte Krankheitsanfälligkeit die Folge ist (Dr. med. H. Palm, Prof. Dr. J. Schuy, Dr. G. Fischer, Prof. Dr. J. Möse usw.).

3.1.2. Sekundäreffekt der kosmischen Strahlen

Die Forschungen von Nobelpreisträger Prof. V. Hess, Dr. Priebsch, Dr. Steinmaurer und anderen konnten die messbare Existenz der kosmischen Strahlen eindeutig beweisen. Dr. J. Eugster hat die biologische Wirkung dieser Strahlen untersucht. Nach einer grossen Zahl von Pflanzen- und Tierversuchen konnte er feststellen, dass Metallflächen einen Teil der kosmischen Strahlen in sekundäre, sogenannte Schauerstrahlen umwandeln. Kaninchen und Mäuse, die sich längere Zeit unter Metallflächen aus Blei oder Eisen aufhielten, wurden schwer krank. Da zahlreiche moderne Bauelemente ziemlich viel Metall enthalten, wäre es notwendig zu untersuchen, ob die so erzeugten sekundären Schauerstrahlen auch einen Einfluss auf die menschliche Gesundheit haben oder nicht.

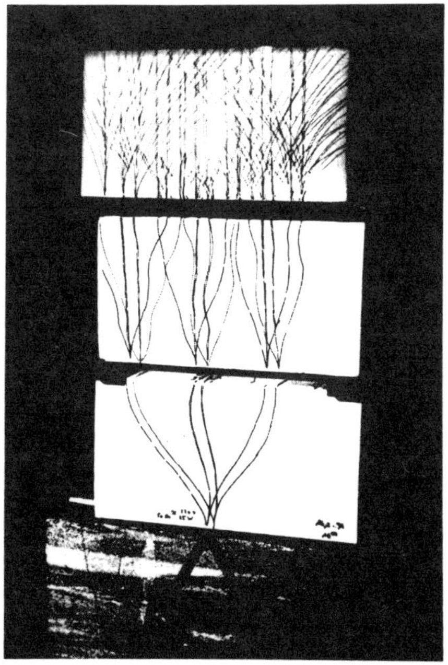

Bild 22
Versuche zeigen, dass Hartbaustoffe eventuell vorhandene geopathische Erdstrahlungen durch Streuung verstärken können
(nach Ing. Endros, Prof. Lotz)

3.1.3. Geopathische Effekte

Die Forschungsarbeiten von M. und L. Schröder und anderen Wissenschaftern haben gezeigt, dass gewisse Hartbaustoffe wie Kies, Quarz, Stahl, Zement und Bauelemente aus diesen Materialien, z. B. Eisenbeton, die eventuell vorhandenen geologiebedingten Erdstrahlungen oft um ein Mehrfaches verstärken können. Wenn Decken weitgehend aus den erwähnten Hartstoffen gebaut werden, wird die Verstärkung der geopathischen Strahlungen von Stockwerk zu Stockwerk grösser. Das ist wahrscheinlich eine der Ursachen, warum die Bewohner von Hochhäusern öfters krank werden als Leute, die in Einfamilienhäusern wohnen.
Die geopathischen Effekte und ihr Einfluss auf die Gesundheit wurden auch von G. Pohl, Dr. med. E. Hartmann, Dr. P. Seeger, Dr. E. Jenny, Dr. D. Aschoff, Dr. J. Kopp, R. Endrös, Prof. Dr. H. König, Dr. W. Mörikofer und von vielen anderen so eindeutig beobachtet, dass der Bauplaner diese Tatsachen nicht mehr ausser acht lassen darf.

3.1.4. Installations-Effekte

Verschiedene elektrische und andere technische Einrichtungen im Haus können künstliche Streuwechselfeldstrahlungen erzeugen, welche für sensible Personen Schlafstörungen, Kopfschmerzen, Herz-Kreislauf-Beschwerden, vegetative Dystonie und Nervosität verursachen können (Dr. H. Palm, Dr. A. Schneider, Prof. Dr. K. Lotz usw.).
Die elektrostatische Aufladung von gewissen Baustoffen stellt eine spezielle Art von Elektrokrankheits-Ursachen dar.

3.1.5. Chemische Effekte

Ein grosser Teil der modernen chemischen Stoffe ist eindeutig gesundheitsschädlich (C. Heidelberger und L. Sachs sprechen von über 3000). Wenn solche Chemikalien, wie Phenylquecksilber, Styrol, Phenol, Arsen, Formaldehyd und andere, als wesentliche Grundstoffe für Bauteile eingesetzt werden, können die dadurch entstandenen Gefahren für die Bewohner schwerwiegend sein. Besonders Wand- und Bodenbeläge, Farbstoffe und Holzschutzmittel werden oft als giftig entdeckt.

Gründe des unqualifizierten Wohnkomforts

Ausser diesen fünf Hauptgruppen der biologischen Effekte von Baustoffen und Bauelementen bestehen auch andere materialtechnische Eigenschaften, die einen unqualifizierten Wohnkomfort, verschiedene Krankheiten und Gefahren verursachen können: schlechtes Wärmeverhalten, ungenügende Atmungsfähigkeit, ungünstiger Feuchtigkeitshaushalt, nicht vorhandene Regenerationsfähigkeit, hohe radioaktive Ausstrahlung, elektrostatische Störfaktoren, ungenügender Schallschutz, unsichere Tragfähigkeit oder Feuergefährlichkeit.
Die Baustoffwahl ist, wie wir sehen, nicht nur ein ästhetisches oder finanzielles Problem wie das heute meistens der Fall ist, sondern eine besonders wichtige und oft folgenschwere Entscheidung, von welcher die Gesundheit der Bewohner noch während Jahrzehnten abhängen wird.

3.2. Wann ist ein Baustoff wirklich biologisch? oder die Bioharmonien der Baumaterialien

Als biologisch kann ein Baustoff bezeichnet werden, wenn er durch seine Materialeigenschaften nicht nur bautechnisch, also quantitativ richtig ist, sondern auch in seinen ganzheitlichen Qualitäten als lebensgerecht betrachtet werden kann. Ein echtes, wirklich biologisches Baumaterial sollte seine Rolle nicht nur technisch, sondern auch biologisch optimal erfüllen können. Der Baustoff muss in seinen «totalen Eigenschaften» zur kosmischen Umwelt, zum Menschen und zur Technik gleicherweise harmonisch sein. Die Gesamtheit der auf Kosmos und Mensch bezogenen Harmonien könnten wir als «Bioharmonien» eines Stoffes bezeichnen; Qualitäten, die für die Bewohner mindestens so wichtig sind wie die gewöhnlichen technischen Materialeigenschaften. Bioharmonisch sind solche Baustoffe, die auf die psychische und physiologische Gesundheit des Menschen eine positive Auswirkung haben. Die wissenschaftliche Erforschung der verschiedenen bioharmonischen Stoffqualitätskriterien ist die wichtigste Aufgabe der modernen Baustoffkunde. Man kann nur hoffen, dass die Fortschritte auf diesem Gebiet ähnlich schnell sein werden wie die Erforschung der rein quantitativen, technologischen Stoffmerkmale durch die klassische Bauphysik.

Die bioharmonischen Stoffqualitäten

Die wichtigsten qualitativen biologischen Stoffkriterien, welche einen direkten und wesentlichen Einfluss auf die Gesundheit der Bewohner haben, sind: das Verhalten gegenüber der Strahlungsumwelt, die psychologische Harmonie zwischen Mensch und Baustoff, die regenerative Atmungsfähigkeit, die Trockenheit, die elektrostatische Aufladung, die Radioaktivität sowie Giftigkeit und Stoffgeruch.

3.2.1. Das Stoffverhalten gegenüber der Strahlungsumwelt

«Gute» und «schlechte» Strahlen

Die Beziehung zwischen Baustoff und totaler Strahlungsumwelt könnte man als «Kosmoharmonie» der Baumaterialien bezeichnen. Die messbaren Erfahrungen zeigen, dass ein Stoff, als Bauelement zwischen der kosmischen Umwelt und dem Menschen benützt, wie ein Membran verschiedene Funktionen erfüllt. Gewisse kosmische Strahlungen sind für die Menschen lebensnotwendig, andere Strahlungsarten, wie zum Beispiel die sogenannten Erdstrahlungen, sind für ihn oft eindeutig gesundheitsschädlich. Die «Kosmoharmonie» eines Baustoffes besteht im wesentlichen darin, dass er die Wirkung der «guten Strahlen» nicht beeinträchtigt (z. B. keine Nullfelder und keine Schauerstrahlen) und gegenüber den «schlechten Strahlen» möglichst isolierend oder wenigstens nicht verstärkend wirkt (z. B. Erdstrahlen).
Kalkstein, Backstein, Holz, Kork und Naturbitumen, nebst vielen anderen neutralen sowie pflanzlichen Baustoffen, haben sehr günstige kosmoharmonische Eigenschaften. Andere Baumaterialien, besonders metallische oder steinerne Hartbaustoffe und ihre Verbindungen, beeinflussen das natürliche Strahlungsfeld des architektonischen Raumes oft ungünstig, wodurch bei sensiblen Personen manchmal ernsthafte Krankheiten auftreten können.
Mit Hilfe verschiedener Messmethoden sind diese Veränderungen im Bereich der von kosmischen und Erdstrahlen abhängigen, elektromagnetischen Raumklimaeinflüsse eindeutig wahrnehmbar (z. B. Schrödersche SU-Messungen, Langsche Elektrometersonde mit Frequenzanalysator, Hartmannsches Georhythmogramm usf.). Aus diesem Grunde sollte jeder Bauplaner und die Bauherrschaft stets darauf achten, dass das zu erstellende Gebäude vorwiegend mit Baumaterialien gebaut wird, die für die Bewohner optimale strahlungstechnische Lebensbedingungen schaffen. Als Strahlung können wir nicht mehr nur das solare Licht und die Wärmestrahlen erachten, auch die verschiedensten kosmischen Strahlen, von denen der Wissenschaft bereits über 1500 bekannt sind, müssen in Betracht gezogen werden.

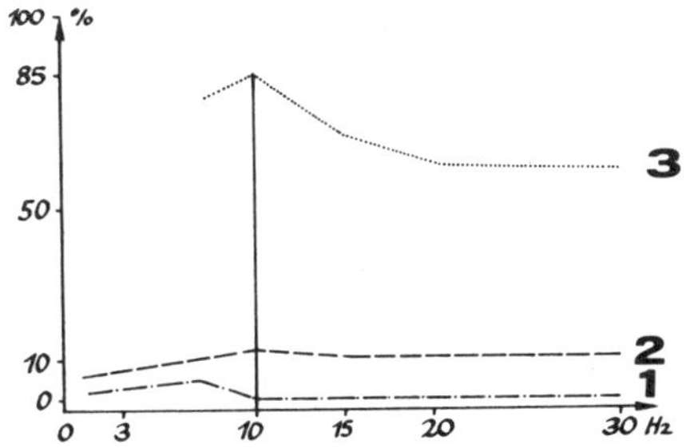

Bild 23
Erhaltung des natürlichen luftelektrischen Feldes für Frequenzen zwischen 3 und 30 Hz, in Prozent
1 Stahlbeton
2 Stahlblech
3 Ziegel
(nach Prof. Schneider)

3.2.2. Die natürliche Harmonie zwischen Mensch und Baustoff

Wer die Natur beobachtet, wird mühelos feststellen können, dass zwischen vielen Lebewesen und ihren Behausungen – falls sie solche benötigen – eine eindeutige Harmonie vorhanden ist. So kennen wir zum Beispiel viele Tiere, deren schützende Aussenhaut bereits als «Haus» geformt wurde, wobei als «Baumaterial» die eigenen Körperstoffe benützt wurden. In diesem Spezialfall herrscht zwischen dem Geschöpf und seiner «Behausung» eine totale Harmonie. Könnte diese Erkenntnis nicht auch für die Auswahl und Herstellung von menschengerechten Baustoffen wegweisend sein?

Die geopathische Disharmonie

Die bekannten Hydrologen Marie und Ludwig Schröder haben nach jahrzehntelangen Forschungsarbeiten beweisen können, dass für die Menschen diejenigen Baumaterialien optimal sind, deren Grundstoffe auch im menschlichen Knochengerüst in grösseren Mengen vorhanden sind. Die Hauptbaustoffe des Knochengerüstes sind im Erdmittelalter zu finden und sie bestehen zum grossen Teil aus Kalk. Erdaltertümliche Materialien wie Granit, Kies, Quarz und andere, die in einer Epoche entstanden, als noch kein höheres irdisches Leben vorhanden war, sind in grossen Mengen verwendet ungünstig, weil sie für die Menschen grundlegend wesensfremd sind. Die natürliche Harmonie zwischen Mensch und Baustoff könnte man auch «Humanoharmonie» des Materials nennen. Sie ist besonders wichtig, wenn man Bauten in einem Gebiet erstellt, in dem erdaltertümliche, also Siliciummineralien, zutage treten. Baut man dagegen in einem Gebiet, wo z. B. Kalk als geologische Unterlage vorhanden ist, so verursacht die Verwendung von Silicium und Eisen (Eisenbeton) in grossen Mengen eine geopathische Disharmonie, welche sich auf die körperliche und seelische Gesundheit der Bewohner nur ungünstig auswirken kann.

Ein anderes wichtiges Element der «Humanoharmonie» eines Baustoffes ist seine Ausstrahlung. Die Kirilianische Phototechnik hat eindeutig bewiesen und auch sichtbar gemacht, dass alle Stoffe spezifische Strahlen aussenden (Dr. J. Wüst hat auch die Wellenlängen dieser Radiationen gemessen). Haben diese Strahlen einen Einfluss auf den Menschen? Ob ein Baustoff jemandem zusagt oder nicht, ist von enorm vielen psychologischen und anderen Gegebenheiten abhängig, die manchmal leicht, oft jedoch relativ schwer erfassbar sind.

Baustoffe haben auch psychologische Wirkungen

Sichtbare Qualitäten, wie Farbe und Struktur, aber auch viele unsichtbare Stoffeigenschaften, wie Lebendigkeit, Atmungsfähigkeit, Regenerationsfähigkeit, Wärmeharmonie, Elektroharmonie und andere, machen aus dem Stoff ein qualifiziertes oder disharmonisches Baumaterial. Dass eine graue Rohbetonwand an Krieg erinnert, eine Holzwand jedoch an Skiferien in den Bergen oder ein weisser Kalkputz und rote Dachziegel an den sonnigen Süden, ist kein Zufall. Dies sind typische Beispiele dafür, dass Baustoffe durch ihre Harmonien einen Menschen glücklich oder betrübt machen können. Baumaterialien sollten nicht mehr allein nach technischen und wirtschaftlichen Aspekten beurteilt werden, sondern auch auf ihre psychischen und physiologischen Wirkungen auf die Bewohner.

3.2.3. Das regenerative Atmungsverhalten der Baustoffe

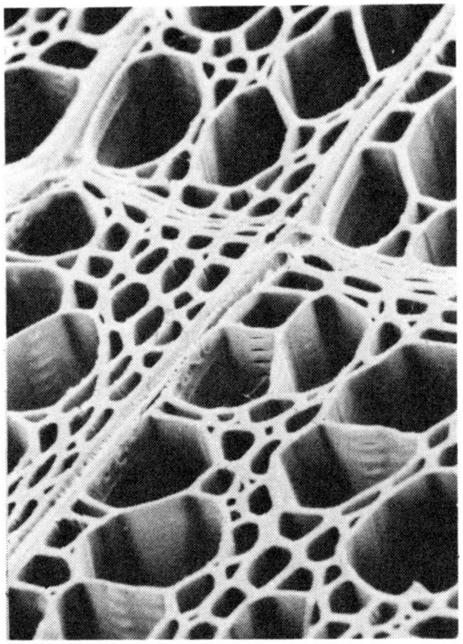

Bild 24
Aufgrund seiner lebendigen, porenartigen Struktur mit den unzähligen luftgefüllten Hohlräumen kann das Holz regenerativ atmungsfähige Funktionen erfüllen
(Dok. Lignum)

Der wichtigste aller Lebensvorgänge ist die Atmung. Ohne Essen kann man Monate überleben, ohne Trinken einige Tage, ohne Atmen jedoch kaum eine Minute. Der Mensch in seinem Wohnraum muss mit der Umwelt in Verbindung bleiben, um sein wichtigstes Lebenselement, die Luft, einatmen zu können, auch dann, wenn die Fenster geschlossen sind. Aus diesem Grunde müssen Wände und Decken aus atmungsfähigen Baustoffen gebaut werden, die trotz der Bildung einer geschlossenen Hülle noch eine ständige Verbindung zur Umwelt ermöglichen. Diese Luftdurchlassfähigkeit der Baustoffe wird in der modernen Bauphysik durch den dimensionslosen Diffusionswiderstandsfaktor μ oder durch die Dampfleitzahl λ_D (in g/m · h · Torr) gemessen; Zahlen, die quantitativ für den Atmungsvorgang bestimmend sind. Atmungsfähige biologische Baustoffe müssen einen relativ kleinen Diffusionswiderstandsfaktor haben, um Gase und Wasserdampf mit der Umwelt austauschen zu können.

Tabelle 8
Vergleichswerte für den Diffusionswiderstandsfaktor μ:
(ohne Dimensionen)

Ziegel	etwa	5,9 – 9,3	Schwerbeton	etwa	24,00–60,0
Leichtbeton	etwa	3,3 – 7,0	Kunststoff-Folie	etwa	23 000
Kalksandstein	etwa	15,0 –16,0	Alufolie	etwa	700 000
Holz	etwa	30,00–70,0	Glas		∞

Diese Zahlen allein sind jedoch über die Qualität der Atmung nicht aussagekräftig. Bekanntlich sind lebendige Baumaterialien wie Holz trotz relativ grosser μ-Zahl sehr wertvoll, weil ihre Atmungsweise stoffintern regenerierend und natürlich parfümiert ist.

Tabelle 9
Vergleichswerte für die Dampfleitzahl λ_D:
(in g/m · h · Torr)

Holzwollplatte	0,018	Kalksandstein	0,0065
Korkplatte	0,015	Styropor	0,006
Ziegel	0,012	Gasbeton	0,0017
Gipsplatte	0,012	Schwerbeton	0,0015
Holz	0,0027	Glas	0,0000

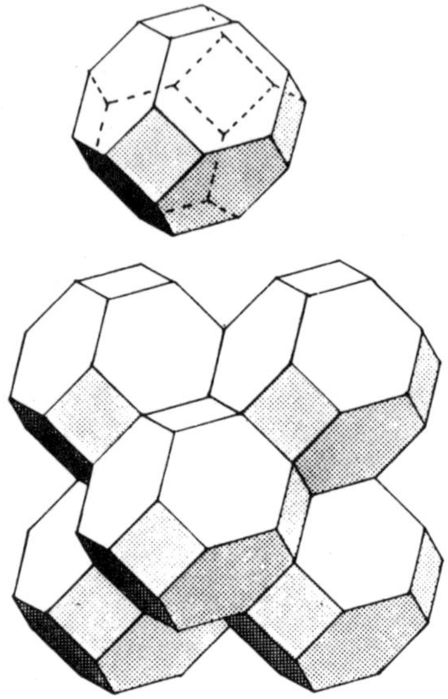

Bild 25
Atmungsfähiger Struktur-Aufbau des Korkes

Die natürliche Atmungsfähigkeit eines Baustoffes durch bauliche Massnahmen verhindern zu wollen (z. B. Dampfsperren), ist lebenswidrig und führt sogar oft zu Bauschäden. Aus atmenden Baustoffen konzipierte Umschliessungsflächen ermöglichen eine Dauerlüftung des Raumes, einen Luftaustausch, der heute besonders wichtig ist, weil durch erhöhte Fensterfugendichtungen die Fensterlüftung oft bis zu zehnmal kleiner ist als früher. Die oft beobachteten giftigen Ausdünstungen von modernen Baustoffen verlangen auch einen ständigen Luftaustausch, weshalb das Problem der Atmungsfähigkeit eines Bauelementes als besonders wichtig und dringend erachtet werden soll. Die echt biologische und regenerationsfähige Atmung kann nur durch lebendige Baustoffe erzielt werden, wobei in der Baubiologie nur solche Materialien als lebendig bezeichnet werden, deren Lebensqualitäten durch schädliche Herstellungsprozesse (z. B. zu grosse Erhitzung bis zur Austreibung des molekularisch stoffeigenen Kristallwassers) nicht beeinträchtigt wurden.

Tabelle 10

Zusammenhang zwischen Raumgewicht und Porosität eines Baustoffes (nach Cammerer)

Raumgewicht kg/m³	Baustoff	Porenvolumen Volumen-%
	Anorganische Materialien:	
1600	Ziegel, Kalksandsteine	39
1800	Klinker	31
2200	Dichter Kiesbeton	15
	Organische Materialien:	
100	Leichtkorkplatten	93
250	Balsaholz	84
500	Fichtenholz	67
900	Eichenholz	40

Schadstoffneutralisierung durch Absorption

Eine für heutige Verhältnisse ziemlich unbekannte, mit der biologischen Atmungsfähigkeit verbundene Materialeigenschaft ist, dass gewisse Baustoffe durch ihre Absorptionsfähigkeit in der Lage sind, Schadstoffe in der Luft zu neutralisieren. Diese Regenerationsfähigkeit ist ein biologisches Lebensprinzip, ohne welches ein geordneter Naturkreislauf gar nicht denkbar ist. Um regenerationsfähig zu sein, muss ein Baustoff natürlich hygroskopisch und diffusionsfähig sein. Grosse innere Oberflächen (bei Holz z. B. ca. 200 m² pro cm³ Volumen) können Schadstoffe filtern, binden oder neutralisieren und dadurch menschliche Lebensräume auf natürliche Weise entgiften. Naturgerechte Baustoffe wirken als gesundheitsfördernde und harmonisierende Pufferzonen zwischen Mensch und Umwelt. Atmungsfähig gelassene Baustoffe und Konstruktionselemente aus Holz, Lehm, Ziegel, Kalk usw. erfüllen diese Rolle vorzüglich. Der allergrösste Nachteil vieler künstlicher Baumaterialien ist, dass sie oft trotz vielen guten technischen Eigenschaften unfähig sind, natürliche Lebensfunktionen wie Regenerierung oder Entgiftung zu erfüllen. Diese natürliche Beschränkung der menschlichen Schöpfungsfähigkeit, was Materialherstellungen anbetrifft, ist eine unwiderlegbare Tatsache, welche bei der Baustoffauswahl gebührend in Betracht gezogen werden muss.

3.2.4. Die biologische Wärme und Trockenheit eines Baustoffes

Wärme hat auch Qualitäten

Wärme- und Feuchtigkeitsverhalten der Baustoffe sind ein relativ gut erforschtes Gebiet der modernen Bauphysik, und die diesbezüglichen Probleme gehören zu den vorwiegend technischen Untersuchungen. Gesunde Wärme und Trockenheit zählen zu den wichtigsten Voraussetzungen des menschlichen Wohlbefindens. Es ist jedoch wesentlich, zu erwähnen, dass die Wärme auch Qualitäten haben kann, die man nicht wie gewohnt durch technische Instrumente messen kann. Aus diesem Grunde können die rein quantitativen Angaben über Gradtemperaturen noch lange nicht alles über das ganzheitliche Wärmeverhalten eines Baustoffes aussagen. Räume mit hohen Celsius-Temperaturen können noch lebensfeindlich wirken. Man sollte besonders auf die Wärmeableitungsfähigkeit eines Stoffes achten, wobei durch Metalle, Beton und Zement mit hohen Werten die lebenswichtige Wärme des Körpers durch Kontakt oder sogar aus Distanz abgeleitet wird. Wahrscheinlich ist das einer der physikalischen Gründe, warum die meisten Menschen und auch Tiere instinktiv diese energieraubenden Stoffe meiden.

Die grosse Gesundheitsschädlichkeit von nassen Wänden ist seit Urzeiten bekannt. Aus der Geschichte wissen wir, dass in einigen Ländern die Reichen ihre Neubauten bis zur Austrocknung armen Leuten kostenlos zur Verfügung gestellt haben, um die eigene Gesundheit vor Neubaufeuchte zu schützen. Weniger bewusst ist man sich jedoch der Tatsache, dass das Feuchtigkeitsverhalten eine eindeutige Baustoffeigenschaft ist. In einem Einfamilienhaus werden bei der Betonbauweise etwa 80 000 Liter Wasser«eingebaut». Dadurch sind die Bewohner beim vorzeitigen Einzug in einer ähnlich ungesunden Lage wie beim Tragen von nassen Kleidern. Und das vielleicht jahrelang! Die Trocknungsdauer für eine 30 cm dicke Wand aus Ziegeln beträgt 252 Tage, aus Kalksandstein 1080 Tage, aus Porenbeton 1080 Tage und aus Schwerbeton 1440 Tage. Auch Zementmörtel benötigt erfahrungsgemäss eine zehnmal längere Austrocknungszeit als Kalkmörtel. Nur 2 % mehr Wandfeuchte erhöht die Wärmeleitung und dadurch die Energieverluste um 25 %. Auch die Verdunstung verursacht noch zusätzliche Energieverschwendung. Dampfsperren bedeu-

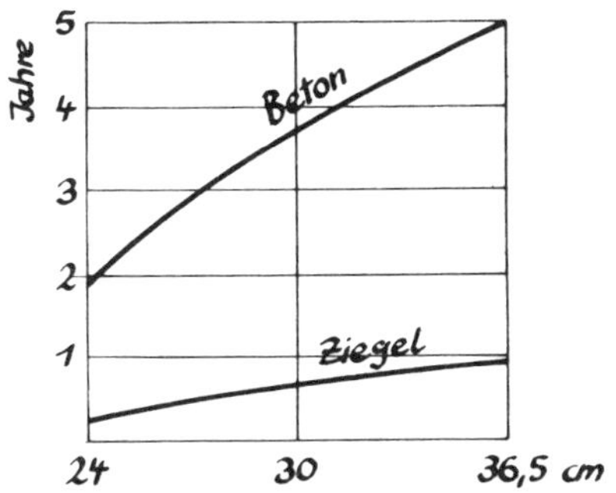

Bild 26
Vergleich für Austrocknungszeiten der Neubaufeuchte für verschiedene Wandkonstruktionen (nach Prof. Schneider)

Krankheiten durch nasse Wände

ten oft eine weitere Verhinderung für die rasche Bauaustrocknung. Nasse Wände verursachen nicht nur Rheuma, Ischias, Asthma, Tuberkulose, sondern infolge der Begünstigung der Entwicklung von pathogenen Keimen auch bakteriologische Entzündungskrankheiten.

Tabelle 11

Einfluss der Feuchtigkeit auf die Wärmeleitzahl von Baustoffen (nach Cammerer)

Anorganische Baustoffe		Organische Baustoffe		
Feuchtigkeit Volumen-%	Erhöhung der Wärmeleitzahl des trockenen Zustandes % je Volumenprozent Feuchtigkeit	Raumgewicht völlig trocken kg/m³	Erhöhung der Wärmeleitzahl des trockenen Zustandes in Prozent je Volumen-% Feuchtigkeit	je Gewichts-% Feuchtigkeit
1	32	100	12,5	1,25
2,5	22	150	8,3	1,25
5	15,1	200	6,3	1,25
10	10,8	300	4,2	1,25
15	8,5	400	3,1	1,25
20	7,2	500	2,5	1,25
25	6,2	600	2,1	1,25
–	–	700	1,8	1,25
–	–	800	1,6	1,25
–	–	1000	1,25	1,25

Trockene Wände sparen Energie

Alle diese Ausführungen zeigen, dass Wärme und Trockenheit wichtige Begriffe für bauliches Energiesparen und gesundes Wohnen sind. Eine möglichst trockene Bauweise ohne Dampfsperren und eine genügend trockene Bausubstanz sind wichtige gesundheitliche und energietechnische Notwendigkeiten, die eindeutig von der Qualität der Baustoffe abhängig sind.

3.2.5. Die elektrostatische Aufladung der Baustoffe

Das menschliche Leben in all seinen Formen wird durch eine körperinterne elektrische Bioenergie gesteuert. Physiologisch und psychisch gesund zu sein ist nichts anderes, als ein optimiertes Gleichgewicht zwischen den verschiedenen, körperinternen Lebensströmen zu haben. Die unnatürliche Abschwächung oder Verstärkung der elektromagnetischen Umweltreize führt unvermeidbar zur Erkrankung des Organismus. Die hohe elektrostatische Aufladbarkeit vieler moderner Baustoffe ist für die menschliche Gesundheit eine grosse Gefahr (Prof. Dr. Schneider, Prof.

Messung der elektrostatischen Aufladbarkeit

Lautie, Dr. R. Reiter, Prof. Dr. J. Eichmeier, Prof. Ostwald, Dr. W. Kaufmann, Dr. W. Stark, Dr. J. Wüst usw.). Die Aufladbarkeit eines Stoffes ist hauptsächlich von seinem spezifischen Oberflächenwiderstand abhängig. Die Aufladung selbst wird in V/m gemessen und kann positive oder negative Werte aufnehmen. Baubiologisch optimale Materialien müssen einen möglichst kleinen Wert aufweisen können.

Tabelle 12
Vergleichswerte für die elektrostatische Aufladbarkeit
in V/m
(nach Prof. Dr. Kleinwächter)

Unbehandeltes Eichenholz	0 V/m
Eichenparkett naturbehandelt	– 200 V/m
Filzdämmplatte	+ 130 V/m
Weichfaserholzplatte	+ 50 V/m
Unbehandelte Spanplatte	– 250 V/m
Melamin-beschichtete Spanplatte	+ 4000 V/m
Polystyrol	– 660 V/m
DD – chemischer Lack	– 20 000 V/m
PVC-Platte	– 34 000 V/m
Polyäthylene (transparent)	– 65 000 V/m

Andere Messungen haben gezeigt, dass ausser dem Holz auch Kokosfasern, Lehm, Ziegel, Stroh und Wolle elektrostatisch günstig sind und für eine physiologisch günstige Ionenverteilung im architektonischen Raum sorgen.

3.2.6. Die Radioaktivität der Baustoffe

Erhöhte Radioaktivität ist immer schädlich!

Trotz der Tatsache, dass auch unsere natürliche Umwelt unter normalen Verhältnissen eine minimale, für den Menschen unschädliche Radioaktivität aufweist, wissen wir, dass jede auch nur wenig erhöhte radioaktive Strahlung – ob natürlich oder künstlich – lebensfeindlich ist (Prof. F. Niggli). Die Möglichkeit schwerer Erkrankungen wie Leukämie, Krebs, Genmutationen usw. sind allgemein bekannt. Die baubiologischen Forschungsarbeiten von Dr. Wüst, Dr. Beck und anderen haben bewiesen, dass zwischen der Radioaktivität des Baugrundes sowie den Baustoffen und den Krankheiten der Bewohner eindeutig Zusammenhänge bestehen. Die Strahlungseinwirkung wird in mrad/a gemessen. Die Radioaktivität eines Baustoffes wird meistens durch sein Kalium, Thorium und seinen Radiumgehalt bestimmt. Die am wenigsten radioaktiven Baustoffe sind Holz, Kalkstein und Naturgips.

Tabelle 13
Vergleichswerte für die Radioaktivität von Bauten
in mrad/a
(Untersuchungsresultate aus Schweden)

Holzhaus	20– 50 mrad/a
Ziegelhaus	20– 90 mrad/a
Sandsteinhaus	25–100 mrad/a
Granithaus	75–120 mrad/a
Betonhäuser	50–250 mrad/a

Grenzwertzonen der stofflichen Radioaktivität

Wir können feststellen, dass sogar bei gleichen Baustoffen eine sehr breite, qualitätsabhängige Grenzwertzone vorhanden ist. Die Radioaktivität eines Baustoffes muss als wichtiges Beurteilungskriterium bei der Herstellung von Konstruktionsmaterial und bei der Baustoffwahl in Betracht gezogen werden.

3.2.7. Die Giftigkeit von Baustoffen

Von seinem materialtechnischen Aufbau her kann ein Baustoff auch physiologisch oder chemisch für die Menschen gefährlich sein. Asbest zum Beispiel ist dadurch gesundheitsschädlich, dass die Einatmung seiner durch Verarbeitung oder mechanische Umwelteinflüsse entstandenen Teilchen zu Lungenkrankheiten, zur sogenannten Asbestosis, führen kann. Eine grosse Anzahl anderer moderner Baumaterialien können durch die toxischen Ausdünstungen ihrer giftigen Stoffkomponenten für Mensch und Natur gefährlich sein. Nach C. Heidelberger und L. Sachs sind bereits über 3000 chemische Stoffe bekannt, die höchst gesundheitsgefährdend sind. Baubiologische Untersuchungen zeigten, dass besonders Phenylquecksilber, Quecksilbersalze, Pentachlorphenol, Formaldehyd, Styrol, Arsen, Anilin, Phenol, Äther, Ester, Kunstharz, Azetat und methylalkoholhaltige Materialien negative Einflüsse auf die Gesundheit haben können. Unnatürliche, schlechte Baustoffgerüche sind eindeutige Zeichen für ungesunde Baumaterialien, die die Raumluft für lange Jahre total verpesten können. Besonders bei der Herstellung von künstlichen und halbkünstlichen Baumaterialien sowie für Farbstoff und Holzschutzmaterial werden manchmal ungenügend erforschte chemische Giftstoffe eingesetzt. Ein natürlicher Duft, wie gewisse Holzarten dank ihren Harzen noch über Jahrhunderte verbreiten, ist der beste Beweis für die unvergleichbar hohe Qualität eines unverfälschten Baustoffes.

Schlechter Baustoffgeruch ist Zeichen für unqualifiziertes Material

Man kann nur hoffen, dass Unternehmer und Architekten die Wichtigkeit der bioharmonischen Stoffqualitäten einmal erkennen und vorwiegend solche Baumaterialien herstellen und einsetzen werden, die dem Benützer nicht nur technische Vorteile, sondern auch ganzheitliche biologische Qualitäten bieten können.

3.3. Die technischen Verhaltenskriterien der biologischen Baustoffe

Die ganzheitlichen Materialeigenschaften

Die erwähnten Harmoniekriterien eines Baumaterials zu unserer unsichtbaren Strahlungsumwelt und der Einklang mit echten, oft nicht bewussten menschlichen Wohnbedürfnissen genügen noch nicht, um über die Nutzbarkeit eines Stoffes als Baumaterial zu entscheiden. Ein Stoff muss auch eine Reihe günstiger bautechnischer Eigenschaften besitzen, um als Baumaterial optimal eingesetzt werden zu können. Während die Problemkreise Baustoffharmonie zur Strahlungsumwelt und die Harmonie des Materials zum Menschen in der modernen Baustofforschung der letzten Jahrzehnte völlig vernachlässigt wurden, konnte die Erforschung der technisch-quantitativen Materialeigenschaften durch die Bauphysik grosse Fortschritte erzielen. Diese Forschungsarbeiten wurden natürlich dringend notwendig, weil die immer grösser werdende Anzahl neuer Baustoffe auf dem Markt infolge Missachtung der Naturgesetze oft zu unerwarteten Bauschäden im Bereich der Technik und des Wohnkomfortes führten. Die Methoden der modernen Bauphysik erlauben uns nicht nur die Bestimmung von bautechnischen Stoffeigenschaften wie Tragfähigkeit, Lebensdauer, Wärmehaushalt, Schallisolierung, Feuerwiderstand und anderen, sondern auch die zahlenmässige Erfassung einiger Qualitäten des Baumaterials, die seine Harmonie oder Disharmonie zum Menschen erklärbar machen.
Welches sind die wichtigsten technischen, zahlenmässig quantifizierbaren Kriterien, die für das baubiologische Verhalten eines Baustoffes besonders ausschlaggebend sind?

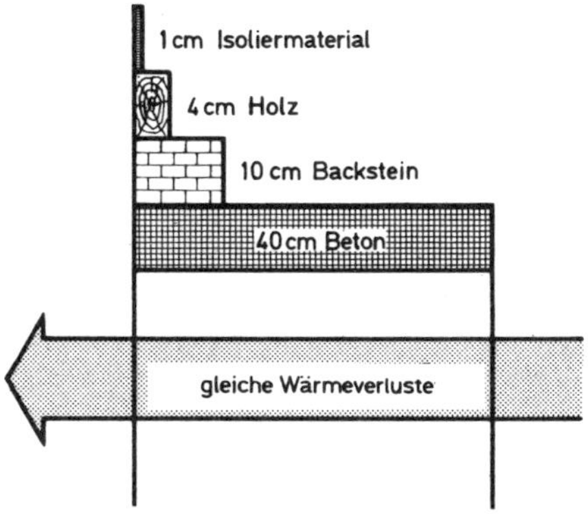

Bild 27
Für die Erreichung eines ähnlich grossen Isolierwertes sind verschiedene Dicken je nach Baustoff notwendig (Dok. VSE)

3.3.1. Das Wärmeverhalten der Baustoffe

Gesunde Wärme, beziehungsweise angenehme Kühle sind wichtige Begriffe in der Baubiologie, weil sie sich entscheidend auf Wohnkomfort und Gesundheit auswirken. Das wärmetechnische Verhalten eines Baustoffes wird in der modernen Bauphysik durch verschiedene rechnerische Einheiten ausgedrückt. Der erste, wichtige Begriff ist die Wärmeleitfähigkeit, welche durch die Wärmeleitzahl λ_w in kcal/m · h · Grd oder in W/m · K angegeben wird. Dieser λ_w-Wert variiert für nichtmetallische Baustoffe zwischen 3,0 für Granit und 0,025 für PU-Schaum. Eine zu grosse Leitfähigkeit des Fussbodens entzieht – durch direkten Kontakt – dem Körper Lebenswärme; zu leitfähige und relativ kalte Wände tun das gleiche sogar aus Distanz. Biologische Baustoffe und besonders diejenigen, die oft mit dem menschlichen Körper direkt oder auch indirekt in Kontakt kommen, sollten möglichst kleine oder ausgeglichene Wärmeleitkoeffizienten aufweisen können.

Tabelle 14
Vergleichswerte für die Wärmeleitzahl λ_w:
(in kcal/m · h · Grd)

Holzfaserplatten	0,05	Backstein	0,45 –0,90
Kokos	0,031–0,034	Poroton-Ziegel	0,24 –0,29
Erde	0,11	Kalksandstein	0,43 –0,95
Kork	0,035–0,040	Flachglas	0,70
Stroh	0,038	Stahlbeton	1,3 –1,75
Holz	0,12 –0,18	Stahl	50,0
Ziegelsplitt	0,35	Aluminium	175,0

Die Wärmeleitzahl bestimmt Wohnkomfort und Energiebedarf

Aus der Wärmeleitzahl wird der Wärmeeindringungswert und der Wärmeableitungswert eines Fussbodens definiert, welcher vorzüglich zur Qualitätsbestimmung dieses Bauelementes dienen kann. Nach den beiden Kriterien werden Fussböden als fusswarm oder fusskalt beurteilt; Eigenschaften, die nicht nur Wohnkomfort und Energieverbrauch, sondern auch die Gesundheit der Bewohner im allgemeinen weitgehend bestimmen. Die Wärmeeindringungszahl eines Baustoffes ist von seiner Wärmeleitfähigkeit, spezifischen Wärme und Rohdichte abhängig und variiert zwischen 0,38 (Schaumstoffe) und 210 (Eisen). Nur Werte zwischen 0,38 und 9,00 können als biologisch fusswarm beurteilt werden.

Tabelle 15
Vergleichswerte für die Wärmeeindringungszahl b:
(in kcal/m² °C · $\sqrt{h}$)

Wollteppich	2,00	Ziegel	14,00
Korkplatten	2,00	Gussasphalt	19,00
Holzwollplatten	3,30	Keramikplatten	20,00
Fichtenholz	4,00	Zement	23,00
Gummi	8,00	Beton	30,00
Linoleum	9,00	Stahl	210,00

Wärmeabgabe des Körpers

Der Wärmeableitungswert erfasst die Wärmeabgabe eines Körpers an den Fussboden in Abhängigkeit von der Zeit. Biologische Baustoffe müssen kleine Wärmeableitungszahlen ausweisen können, die im Verhältnis zu den erwähnten Wärmeeindringungswerten stehen. Sie sind jedoch

Wärmespeicherungsfähigkeit

auch von der Unterkonstruktion des Bauelementes abhängig (Holzfussboden 6,8 kcal/m² je Minute, Betonboden 17,6 kcal/m² je Minute). Ein anderer wichtiger Begriff aus der Sicht der Baubiologie und der Energieeinsparung ist die Wärmespeicherungsfähigkeit eines Baustoffes, die durch die «Wärmespeicherzahl» gemessen wird. Sie ist die Eigenschaft von Stoffen, die ihnen zugeführte Wärme zu speichern und je nach Temperaturgefälle wieder abzugeben. Sie wird in kcal/m³ °C (oder W/m³ · K) gemessen und ist abhängig von der spezifischen Wärme des Stoffes und von der Materialdichte. Ein biologisch optimierter Baustoff muss eine ausgewogene Menge Wärme oder Kühle speichern können, ohne jedoch in seinen anderen technischen Eigenschaften (gute Isolierwerte, kleine Wärmeleitungswerte, Atmungsfähigkeit usw.) weitgehend beeinträchtigt zu werden.

Tabelle 16
Vergleichswerte für die Wärmespeicherzahl S:
(in kcal/m³ · °C)

Isolierkunststoff	6,6	Vollziegel	350,0
Kork	80,0	Kalksandstein	400,0
Fichtenholz	240,0	Stahlbeton	460,0
Gasbeton	230,0	Stahl	890,0

«K-Wert»-Bestimmung

Wenn man aus Baustoffen Bauelemente und Bausysteme bildet, ergeben die erwähnten wärmetechnischen Grundkoeffizienten die element- und systembezogenen Wärmecharakteristiken. Der Isolierungswert eines Bauelementes wird durch seinen «K-Wert» (Wärmedurchgangszahl in kcal/m² · h · °C oder W/m²K) definiert. Gesunde und energiesparende Bauelemente müssen einen kleinen K-Wert aufweisen können, dürfen aber trotzdem ihre anderen biologischen Qualitäten nicht verlieren.

Tabelle 17
Vergleichswerte für die Wärmedurchgangszahl k:
(in kcal/m² · h · °C)
bei einer Stoffdicke von 30 cm:

Holz (theoretisch)	ca. 0,53	Kalksandstein	ca. 1,13
Gasbetonblocksteine	0,79	Stahlbeton	ca. 2,75
Ziegel	ca. 1,06		

Aus der Stoffkoeffizient-Wärmespeicherzahl werden zwei wichtige Elementcharakteristiken, die sogenannte «Auskühlzeit» und die «Temperatur-Amplituden-Dämpfung» abgeleitet. Biologisch konzipierte Bauelemente müssen bezüglich dieser beiden Begriffe ein ausgewogenes Verhältnis aufweisen, um das bekannte «Barackenklima» (zuviel leichte Baustoffe) oder das «unerwärmbare Klima» (zuviel schwere Baustoffe) vermeiden zu können. Nicht nur die baubiologischen, sondern auch die bauphysikalischen Betrachtungen zeigen, dass Holz und Backstein für die Erzielung optimaler Wärmeverhältnisse im Bau besonders günstige harmonische Mittelwerte aufweisen. Die Bestimmung eines biologisch und energietechnisch günstigen Wärmeklimas ist natürlich nicht nur von den einzelnen Baustoffen abhängig, sondern auch von ihrer gegenseitigen Harmonie zueinander und ihrem Verhältnis zum baulichen Gesamtkonzept, wobei Optimierungsprozesse oft unvermeidbar sind.

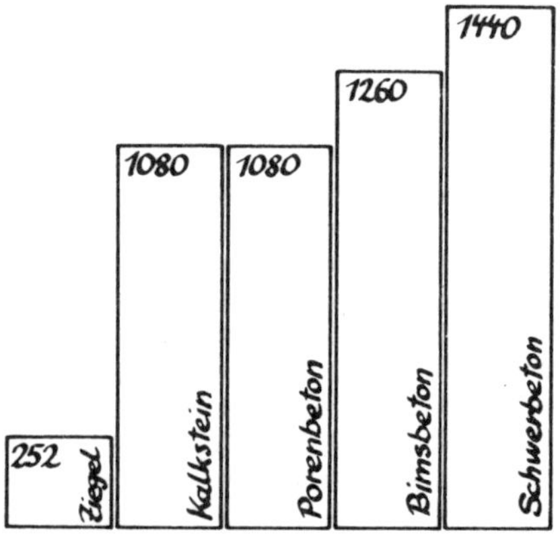

Bild 28
Trocknungsdauer in Tagen für eine Wanddicke von 30 cm bei verschiedenen Baustoffen
(nach Prof. Schneider)

3.3.2. Das Feuchtigkeitsverhalten der Baustoffe

Nicht nur das gesunde Wohnen, auch das Energiesparen und die Bauschadenvermeidung verlangen, dass ein Baustoff und ein Bauelement auf die verschiedenen innenräumlichen und äusseren Feuchtigkeitserscheinungen optimal reagieren. Es ist – wie schon erwähnt – allgemein bekannt, dass nasse Bauteile zu schwersten Erkrankungen wie Rheumatismus und sogar Tuberkulose führen können, anderseits wird durch die Verminderung der Isolierwerte auch ein höherer Energieverbrauch notwendig. Auch durch Verfaulung können die verschiedensten Bauschäden entstehen. Aus diesen Gründen muss der Planer eines biologischen Sonnenhauses besonders darauf achten, dass die von ihm konzipierten Konstruktionselemente so aufgebaut sind und aus solchen Baustoffen bestehen, dass der Bauteil auf die verschiedenen Feuchtigkeitseinflüsse günstig reagieren kann. Um ein umfassendes Bild vom Verhalten eines Baustoffes gegenüber Wasser und Dampf zu erhalten, genügen in der modernen Bauphysik drei relativ einfach messbare Grössen:

- Die drucklose Wasseraufsaugung durch Kapillarität
- Die Wasseraufnahme unter Winddruck
- Der Diffusionswiderstandsfaktor

Die wichtigsten Feuchtigkeitsbelastungen sind:

- Der konstruktive Wassergehalt während der Herstellung
- Rauminterne Dampfwasserbildung
- Raumexterne Belastung durch Regen und Schnee

Kurze Austrocknungszeit der Baufeuchtigkeit als Stoffqualität

Die schnelle Austrocknung der Baufeuchtigkeit ist eine der ersten Voraussetzungen des gesunden und energiesparenden Bauens. Atmende Baustoffe können durch kapillaren Transport ihre Baufeuchtigkeit relativ schnell und sicher nach aussen führen. Günstige Bautermine und Schutz vor Regen beeinflussen sehr vorteilhaft den Austrocknungsprozess eines Baumaterials.

Feuchtigkeitsgleichgewicht

Gute hygroskopische Eigenschaften der atmenden Baustoffe können auch die rauminternen, durch warme Feuchtluft entstehenden Wasserdämpfe aufnehmen und eliminieren. Die Schnelligkeit dieses Vorganges, bis zum Erreichen des sogenannten «Feuchtigkeitsgleichgewichtes» eines Stoffes, ist auch ein wichtiges Qualitätskriterium.
Menschengerechte Baustoffe müssen schnell austrocknen können oder wie Holz bereits trocken einsatzbereit sein.

Tabelle 18
Vergleichswerte für Feuchtigkeitsausgleichszeiten durch Laborversuche

Backstein	60 Tage
Kalksandstein	1205 Tage
Beton	1278 Tage

Nicht nur die Materialeigenschaften, sondern auch die technische Ausführung und die bauliche Konzeption sind massgebend für das Verhalten des Baustoffes gegenüber externen Feuchtigkeitseinflüssen wie Regen und Schnee. Durch Windeffekt und Wärmeschwankungen können diese Belastungen zur schädlichen Verwitterung der Baumaterialien führen. Erfahrungen zeigen, dass materialtechnische Massnahmen für den externen Wasserschutz nur dann wirksam sein können, wenn elementare und naturgerechte Stoffqualitäten – wie die Atmung – nicht behindert werden. Unvernünftigerweise chemisch behandelte Wandmaterialien sind oft nach wenigen Jahren schon schadhaft, während jahrtausendalte Mauerwerke aus der Baugeschichte manchmal noch heute schadenfrei sind. Es handelt sich eindeutig nicht um Zufälle, sondern um Beweise dafür, dass die hochgezüchtete und teure Technik nicht unbedingt besser ist als die naturnahe Einfachheit.

3.3.3. Andere technische Baustoffmerkmale

Die baustatischen Materialqualitäten

Baustoffe müssen nicht nur physiologisch und psychisch gesundheitsfördernd und energiesparend sein, sondern auch eine baustatische und feuertechnische Sicherheit aufweisen können. Naturgerechte Baustoffe erfüllen trotz vorwiegend unberechtigten Vorurteilen auch diese Bedürfnisse vorzüglich. Grosse Bauten mit vielen Stockwerken bestehen seit Jahrhunderten nicht nur aus Holz und Backstein, sondern sogar auch aus getrocknetem Lehm. Ein Stück zerbrechlich aussehender Backstein von guter Qualität kann einen Druck von 210 Tonnen ertragen, eine Belastung, die dem Gewicht von etwa 10 gefüllten Eisenbahnwagen entspricht. Die Berechnungen des «Centre Technique du Bois» in Paris zeigen, dass moderne Holzkonstruktionen über Tragweiten von 20 bis 25 Meter viel preisgünstiger sind als ähnliche Elemente aus Beton oder

Feuersicherheit

Metall. Was die Feuersicherheit betrifft, hat eine bekannte amerikanische Versicherungsgesellschaft mit einem Versicherungsbestand von über zwei Millionen Wohnhäusern ermittelt, dass in einem Versicherungsjahr von 3242 Brandfällen nur 1112 Holzbauten betrafen, gegenüber 2130 Massivbauten. Diese erstaunliche Statistik sollte niemanden davon abhalten, möglichst vorsichtig zu sein; doch zeigen auch die Laboratoriumsversuche, dass das Brennverhalten von Holz und Backstein keineswegs schlechter ist als bei anderen üblichen Baustoffen.
Der Schallisolierungswert eines Baumaterials ist auch ein wesentlicher Faktor, besonders für Kollektivbauten. In diesem Bereich ist ein möglichst homogener und schwerer Stoffaufbau besonders günstig. Backstein ist schalltechnisch problemlos; für Holzkonstruktionen müssen zusätzliche Massnahmen ergriffen werden. Man muss jedoch erwähnen, dass durch Schwere allein nicht immer eine gute Schallisolierung gewährleistet wird. Verschiedene Membraneffekte, ungünstige Materialverbindungen und die Durchlochung von Beton mit Stahlelementen können manchmal zu katastrophalen Schallverhältnissen führen, sogar bei Anwendung von superschweren Baustoffen.

Schalldämmung

Der Schalldämmwert verschiedener Baumaterialien wird in Dezibel (dB) gemessen, man unterscheidet zwischen Trittschall- und Luftschalleffekten.

Tabelle 19

Vergleichswerte für die Schalldämmung eines 24 cm dicken Wandelementes (in dB)

Kalksandsteinmauer	mit einem Rohgewicht von	1800 kg/m³	54 dB
Backsteinmauer	mit einem Rohgewicht von	1200 kg/m³	50 dB
Leichtziegelmauer	mit einem Rohgewicht von	700 kg/m³	46 dB
Gasbetonmauer	mit einem Rohgewicht von	600 kg/m³	44 dB

Da die biologischen und technischen Stoffeigenschaften gleich wichtig sind und beide den Wohnkomfort und die körperliche Gesundheit der Bewohner wesentlich beeinflussen können, müssen wir die beiden Problemkreise in ihrer ganzheitlichen Harmonie untersuchen.

3.4. Ökologie und Ökonomie der Baustoffe oder der Begriff einer ganzheitlichen, ökoharmonischen Wirtschaftlichkeit

«Umwelt-Wirtschaftlichkeit» der Baustoffe – eine neue Problemstellung

Ausser den biologischen und technischen Qualitätseigenschaften spielen auch ökologische und ökonomische Gesichtspunkte eine wesentliche Rolle bei der Baustoffbestimmung für ein naturgerechtes Sonnenhaus. Man könnte diesen Problemkreis als «Ökoharmonie» oder als «Umweltwirtschaftlichkeit» der Baustoffe bezeichnen. Die Bedeutung dieser Kriterien wird von Tag zu Tag grösser, da wir uns kaum mehr lange erlauben können, jene Baustoffe in grossen Mengen einzusetzen, die bei ihrer Herstellung zuviel Energie benötigen oder deren Fabrikationsmethoden die Umwelt zerstören. Aus diesen Gründen sind gewisse Baumaterialien nicht nur für die Einzelnen, sondern auch für die Gemeinschaft ökonomisch nicht mehr zu verantworten, unabhängig von den Verkaufspreisen auf dem Markt, welche manchmal noch als günstig oder wenigstens tragbar erscheinen können.

Tabelle 20

Energieaufwand für Wandkonstruktionen mit gleichem Wärmedurchgangswert von k = 0,58 W/m² K
(nach Makhijani und Lichtenberg)

	Gewicht kg/m²	Herstellungs-Energiebedarf in kWh/m²
Holzständerwand mit 6 cm Isolierung	26	12–30
Holzwand 25 cm	113	ca. 18
Leichtlehm 25 cm, verputzt	322	ca. 30
Kalksandstein 24 cm mit 5 cm Isolierung	313	120–136
Gasbeton 22 cm mit 4 cm Isolierung	196	124–137

Tabelle 21

Herstellbare Baustoffmengen aus 1000 Kilowatt thermischer Energie
(nach Dr. Bogusch)

12 kg	Aluminium	250 kg	Kunststoff
40 kg	Kupfer	400 kg	Zement
60 kg	Stahl	500 kg	Backstein
80 kg	Eisen	1200 kg	Schnittholz

Tabelle 22
Energiebedarfsanalyse für den Bau einer Lagerhalle von 2200 m² Grundfläche
in Liter-Erdöl-Aquivalent
(nach Dr. Bogusch)

Holzkonstruktion (Leimbinder)	35 000 Liter
Stahlbau	74 700 Liter
Beton-Fertigbau	95 400 Liter
Stahlrahmen mit Aluminiumschalung	114 500 Liter

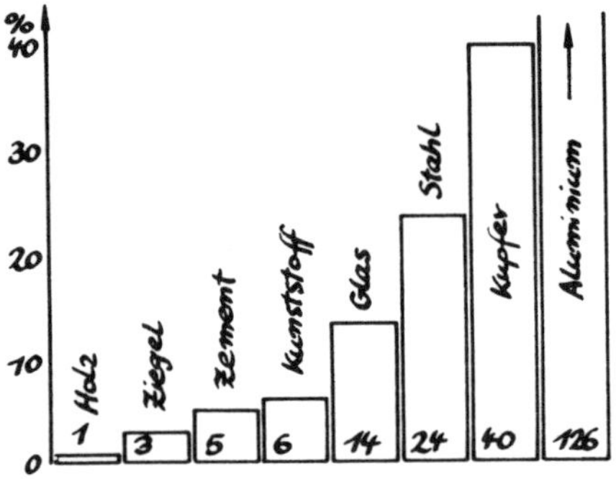

Bild 29
Energieverbrauch
für die Baustofferzeugung
(nach Prof. Schneider)

Die Bedeutung der neuen Materialcharakteristik «Herstellungsenergiebedarf» wird in Zukunft kaum mehr vernachlässigt werden dürfen. Natürliche Baustoffe wie zum Beispiel Holz sind ökoharmonisch betrachtet besonders optimal. Das Bauholz braucht bis zu seiner einsatzfähigen Herstellung etwa dreimal weniger Energie als Backstein, viermal weniger als Zement, sechsmal weniger als Kunststoff, zwanzigmal weniger als Eisen und etwa 120mal weniger als Aluminium. Gemäss Untersuchungen in Frankreich braucht man für die Herstellung eines einzigen Betonsteines gleichviel Energie wie für 300 Backsteine.
Die Fabrikation von biologischen Baustoffen ist auch deshalb vorteilhaft, weil die technischen Herstellungsprozesse und die dafür notwendigen Energiemengen die Umwelt am wenigsten belasten. Übrigens bestehen menschengerechte Baumaterialien vorwiegend aus natürlicherweise unendlich erneuerbaren Stoffen (z. B. Holz) oder aus Materialien, die praktisch in unendlichen Mengen auf unserer Erde vorkommen (z. B. Lehm).

«Wegwerf»-Bauelemente sind umweltfeindlich

Als sehr wesentliche Materialeigenschaften sollten auch die praktische Benützbarkeit und die Dauerhaftigkeit erwähnt werden, wichtige Qualitätskriterien, die in einem ausgewogenen Verhältnis zum Kaufpreis stehen müssen. Was nützen billige Baustoffe, wenn sie schon als neu unpraktisch oder bereits nach wenigen Jahren unbrauchbar sind? Der Architekt und der Bauherr dürfen nicht billige, sondern nur preiswerte Baustoffe und Konstruktionselemente einsetzen. Das Leben in Bauten mit schadhaften «Wegwerf»-Bauelementen führt zur Beeinträchtigung der Gesundheit, zu Energieverschwendung, Materialvergeudung und höheren Unterhaltskosten. All das belastet Mensch und Umwelt unnötigerweise. Die Herstellung und die Anwendung von lebensfeindlichen Baustoffen verursachen so viele biologische und volkswirtschaftliche Schäden, dass ein Umdenken unbedingt notwendig ist.

3.5. Die Erdstoffe als biologische Baumaterialien

Die Erde:
Grundstoff und Lebenselement

Nach biblischen Aufzeichnungen wurde der Mensch aus Erde geformt. Die Aufbaustoffe des menschlichen Körpers, insbesondere des Knochengerüstes, sind tatsächlich diejenigen Elemente, die auch in unserer Erdkruste in allergrössten Mengen auffindbar sind. Die Hauptbaustoffe des Knochengerüstes und der Wirbelsäule stammen aus dem Erdmittelalter, aus einer Epoche also, in welcher die ersten Spuren einer höheren tierischen Lebensweise nachweisbar sind. Stoffe aus dem Erdaltertum sind nur als Spurelemente im menschlichen Körper vorhanden. Ist es nach diesen Tatsachen erstaunlich, dass Erdstoffe wie der als «Heilerde» bezeichnete Lehm für die Menschen seit Jahrtausenden als wirkungsvolles Medikament dienen konnten, und dass unverfälschte Baustoffe wie Kalksteine, kaltgeformter Lehm und Backsteine von jeher zu den wichtigsten Baumaterialien der Menschheit gehören? Die Erdstoffe können als Baumaterial in unveränderter Form (Naturstein, Lehm, Erde usw.) oder transformiert (Backstein, Kalksandstein, Biozement, Glas usw.) angewendet werden. Die Baubiologie unterteilt die Konstruktionsmaterialien aus Erdstoffen in zwei Hauptgruppen: Die sogenannten «Hartbaustoffe» sind Granit, Kies, Kieselsteine, Quarzsand, Glas, Metalle, Siliciummineralien, Gneis usw. sowie die Verbindungen aus diesen Materialien, wie z. B. Stahlbeton. Die «neutralen Baustoffe» sind Lehm, Backstein, Kalkstein, Kalktuff, Ziegelschrott, Naturgips usw. Es gibt auch Baumaterialien – Kalksandstein zum Beispiel –, die aus harten und neutralen Stoffkomponenten zusammengesetzt sind.

«Hartbaustoffe» und
«neutrale» Baustoffe

Die praktischen Erfahrungen zeigen, dass die neutralen Baustoffe neben den pflanzlichen Stoffen nicht nur aus der Sicht der Gesundheitserhaltung, sondern auch energiespartechnisch die optimalen Baustoffe darstellen.

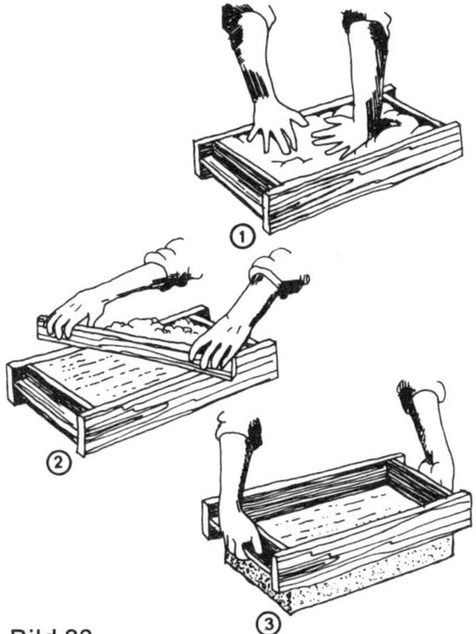

Bild 30
Amerikanische Methode für die Selbstherstellung von «Adobe»-Lehmsteinen (Dok. Bardon)

3.5.1. Die Natursteine

Natursteine werden in der Bioarchitektur unverändert oder als Zusatz für die Herstellung anderer Baustoffe eingesetzt. Die baubiologischen Forschungsarbeiten bezeugen, dass «Hartstoffe» wie Granit und Kies, in grossen Mengen angewendet, gesundheitlich und auch energietechnisch relativ ungünstig sind. Demgegenüber wirken die sogenannten «neutralen» Erdstoffe wie Lehm und Kalksteine in ihren verschiedensten Formen meistens sehr vorteilhaft, besonders wenn die angewendeten Brennverfahren den Stoff, seine lebendige Wirksamkeit nicht zerstören. Nach Messungen von Schröder wirken neben einem sehr positiven strahlungsbrechenden Effekt Kalkstein-Bodenunterlagen auch wärmetechnisch wesentlich günstiger als Kieselsteinschichten. Er konnte diesbezüglich Temperaturunterschiede bis zu 9 °C messen.

Bild 31
Deutscher Arbeitstisch
mit Ausstossvorrichtung
für handgefertigte Lehmsteine
(Dok. Pollack/Richter)

Bild 32
Backsteinformate
für Wandkonstruktionen

In wärmeren Ländern werden Natursteine in ihrer einfachsten Form als befeuchteter Lehm (z. B. «Adobe») oder feuchtgeformte grashaltige Erde (z. B. «Sod») als Baustoff benützt. Noch vor wenigen Jahrzehnten wurden ähnliche und sehr gesunde Bauweisen auch in Europa und in Amerika für kleinere Bauten benützt. In Südarabien stehen übrigens seit Jahrhunderten über fünf Stockwerk hohe Bauten aus Lehm.
Die moderne Bioarchitektur verwendet möglichst die «neutralen» Natursteine, entweder in unveränderter Form (Kalksteinbollen, Kalkquader usw.) oder biologisch schonend transformiert, als Backstein, Kalksandstein, Kalkmörtel und Naturgips.
«Harte» Erdstoffe werden in mindestnotwendiger Menge nur dort eingesetzt, wo es aus konstruktiven Gründen absolut erwünscht ist. Das gleiche gilt für Metalle und für ihre Verbindungen. Die wichtigsten Hartbaustoffe des biologischen Hausbaues sind: Biozement, Biobeton, Bioglas und verschiedene relativ günstig wirkende Metalle, wie Kupfer.

3.5.2. Der Backstein

Die Grundstoffe für die Backsteinherstellung sind Ton und Lehm; Stoffe, die durch ihre antiseptische Wirkung seit Jahrtausenden auch als Heilerde bekannt sind. Wenn die zur Fabrikation angewendeten Tonarten biologisch günstig und nicht zu radioaktiv sind, die Brenntemperaturen stoffgerecht gewählt und keine unqualifizierten Zusatzstoffe beigefügt werden entsteht ein Backstein, der als Baustoff für die menschliche Behausung sehr wertvolle Eigenschaften besitzt. Gute Backsteine sind aus gesundheitlicher Sicht regenerierend, atmungsfähig, feuchtigkeitsregulierend, schallschützend; sie erzeugen keine Nullfelder und wirken gegen eventuell vorhandene Erdstrahlen relativ günstig. Energietechnisch sind Backsteine ausgewogen isolierend und wärmespeichernd, weshalb sie bei richtigem Baukonzept ein sehr günstiges Wärmeverhalten ermöglichen. Backstein ist neben Holz das allerwichtigste menschenfreundliche, biologische Baumaterial. Er wird in verschiedensten, leichten und schweren Formen als Wandelement, Dachziegel, Hohlkörperdecke, keramische Fliesen und auch als Ziegelschrot bautechnisch angewandt.
Die harmonischen Eigenschaften zur Strahlungsumwelt und zum Menschen sowie die vorzüglichen technischen Merkmale machen aus dem Backstein nicht nur einen Baustoff mit grosser Vergangenheit, sondern auch mit einer noch grösseren Zukunft.

3.5.3. Kalksandstein

Man unterscheidet zwischen natürlichen und künstlichen Kalksandsteinen. Künstliche Kalksandsteine werden aus Quarzsand (90 % SiO_2) und aus dem Bindemittel Branntkalkpulver (10 % CaO) hergestellt. Die Qualität des Ballastmaterials entscheidet über das biologische Verhalten des Baustoffes: Biologisch hochwertige Produkte beinhalten statt Quarzsand Kalksand («Kalksand-Stein»). Kalksandsteine sind schwerer als Backsteine, ihre Isolierwerte sind infolge der höheren Wärmeleitzahl kleiner. Weil sie einen etwa zweimal grösseren Diffusionswiderstandsfaktor aufweisen, können sie nur eine relativ begrenzte Hautfunktionstätigkeit erfüllen. Die fabrikationsmässig hergestellten Kalksandsteine, die ziemlich feuchtigkeitsempfindlich sind, werden in verschiedenen Ausführungen wie Vollstein, Lochstein, Hohlblockstein usw. benützt. Wegen ihrer Metallfreiheit, guten Wärmespeicherungsfähigkeit und ihrem Schalldämmungswert werden sie auch im biologischen Sonnenhausbau geschätzt.

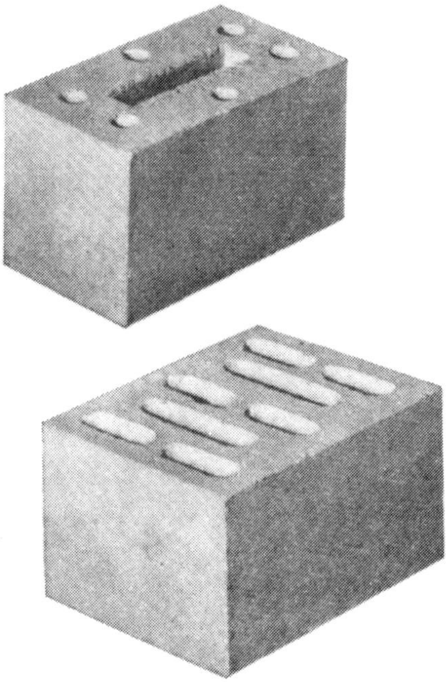

Bild 33
Kalksandsteinformate

3.5.4. Kalkmörtel

Mörtel sind Mischungen aus Bindemittel, Ballaststoff und Anmachwasser. Sie werden zum Verbinden von Bauelementen, zum Verputzen von Wänden und zum Herstellen von Fussböden verwendet. Sie sollten die günstigen Eigenschaften der bereits eingesetzten Baumaterialien nicht beeinträchtigen, das heisst, sie selbst sollten auch atmungsfähig und im allgemeinen biologisch sein. Auch müssen sie eine chemische und mechanische Schutzfunktion erfüllen können. Kalkmörtel-Bindemittel haben Jahrtausende überlebt und können auch heute noch als Beispiel dienen. Ein altes Herstellungsverfahren besteht darin, dass man den frisch abgelöschten Kalk, besonders als Stückkalk, mit Sand im Verhältnis 1:3 mischt und nach Zugabe von Wasser die Wand durch sofortigen Einsatz noch «warm» vermauert (nach Schröder-Speck). Der verwendete Kalk sollte mindestens zwei Jahre alt sein. Eine biologisch auch noch verantwortbare Methode ist die Mischung von Kalksand, hydraulischem Kalk und ein wenig Weisszement unter Beigabe eines natürlichen Verdichtungsmittels (nach P. Hug).

3.5.5. Naturgips

Der Grundstoff des Baugipses ist das Kalziumsulfat, ein Naturstein, der stofflich mit dem Kalk (Kalziumkarbonat) verwandt ist. Baugips entsteht dadurch, dass Gipsstein gebrannt wird und dabei sein Kristallwasser teilweise oder ganz verliert. Um einen biologisch lebendigen, hochwertigen Baugips herzustellen, dürfen die Brenntemperaturen nicht so hoch sein, dass das Kristallwasser des Stoffes gänzlich verlorengeht, sonst entsteht, in der Fachsprache ausgedrückt, ein «totgebranntes» Material (Dr. Palm empfiehlt maximal 200 °C). Die Zusatzstoffe sollten nicht zu einer erhöhten Radioaktivität des Baustoffes führen. Gips erhärtet, indem aus dem Anmachwasser das Kristallwasser wieder aufgenommen wird. Baugips wird hauptsächlich als Stuck, Verputz oder als Platte verwendet.

Die Brenntemperaturen beeinflussen die Stoffqualität

3.5.6. Biobeton

Beton ist bekanntlich eine Mischung von Bindemittel, Ballaststoffen und Wasser, die durch chemisch-physikalische Prozesse zu einem steinartigen, homogenen Stoff verfestigt werden. Heute werden als wichtigstes Bindemittel Zement, als Ballaststoff Kieselsteine verwendet; um eine Erhöhung der Zugfestigkeit zu erzielen werden Stahlarmierungen eingesetzt. Die biologischen Nachteile dieser Zusammensetzung, wie Nullfeldeffekt, ungünstiges Verhalten gegenüber verschiedenen Strahlungen, geringe Atmungsfähigkeit, hoher Wärmeableitungseffekt usw. sind allgemein bekannt. In baubiologisch aufgeschlossenen Forschungsinstituten wird derzeit eine seit Jahrtausenden bekannte und gesundheitstechnisch eher verantwortbare Betonkomposition wieder entwickelt: Der Biobeton.

Biobeton-Forschung: ein neues Gebiet der Bauwissenschaft

Welches sind die wichtigsten Eigenschaften dieses alt-neuen Baumaterials?

- Als Bindemittel wird auf nicht zu hohen Temperaturen (max. 700 °C) gebrannter Kalk verwendet, der dadurch seine biologischen Qualitäten behalten kann. Trasskalk, dessen Abbindevorgang sich über Jahrzehnte erstreckt, scheint biochemisch besonders vorteilhaft zu sein (Prof. Dr. Lotz).
- Als Ballastmaterial können Kalksplitt, Ziegelschrot und Kalksand eingesetzt werden.
- Die Zugabe von organischen Stoffen wie Korkschrot, Holzmehl und anderen könnten die baubiologischen und isoliertechnischen Eigenschaften des Betons wesentlich verbessern, wobei jedoch die Tragfähigkeit des Stoffes nicht beeinträchtigt werden sollte.
- Auch die Armierungsmöglichkeit durch pflanzliche Stoffe anstelle von Stahl wird bereits in mehreren Ländern praktisch erforscht.

Beton wird in seiner biologischen Form auch seine gebührende Rolle in der Wohnarchitektur erfüllen können.

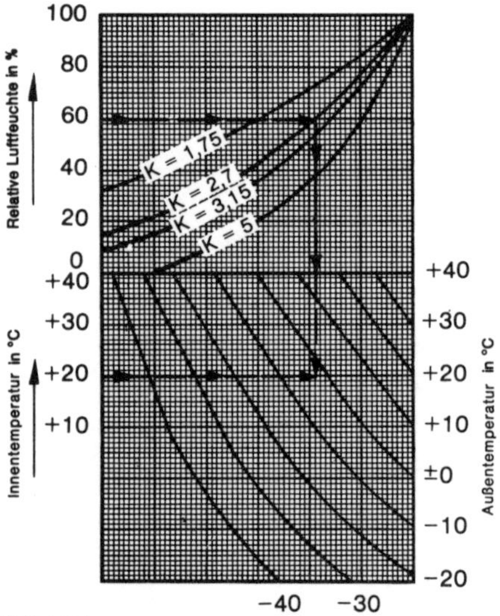

Bild 34
Taupunkt-Diagramm für verschiedene Isolierverglasungen (Dok. Sanco)

3.5.7. Bioglas

Glas ist eine aus dem Schmelzfluss erstarrte Mischung verschiedener Silikate. Als wichtigster Grundstoff gilt Siliciumdioxid (SiO_2), welches je nach Verwendungszweck mit anderen Oxiden in Verbindung gebracht wird. Heutige Gläser sind, als Fenster eingesetzt, wegen ihrer Atmungsunfähigkeit und UV-Strahlungsabsorption baubiologisch und auch energietechnisch relativ ungünstig. Durch gesundheitsgerechte und energietechnisch optimierte Herstellungs- und Anwendungsarten kann jedoch das Glas als besonders wertvolles Bauelement betrachtet werden. Bioglas ist ein Baustoff, der die heilwirkenden Ultraviolettstrahlen (UV) möglichst durchlässt und die biologischen Qualitäten des Sonnenlichtes

Die natürlichen UV-Strahlen sind gesund

weniger beeinträchtigt. Bleiloses Quarzglas ist diesbezüglich besonders vorteilhaft, jedoch teuer. Wenig Metallverbindungen beinhaltende einfache Floatgläser sind auch günstig und dazu sogar preiswert. Acrylglas und Plexiglas lassen 70–80 % UV-Strahlen durch, laden sich jedoch elektrostatisch auf und sind wenig kratzfest. Da UV-durchlässige Gläser für Möbel und Teppiche ungünstig sind, können sie meistens nur in Verbindung mit Normalgläsern oder bei entsprechender Möblierung eingesetzt werden. Glas als Baustoff wird beim Einsatz für Sonnenkollektoren und für Wintergärten auch eine immer grösser werdende, energiespartechnische Rolle spielen. Eines der wichtigsten Probleme der Sonnenhausplanung ist, die baubiologische und energietechnische Harmonisierung der Flächenverhältnisse zwischen Glas und anderen Baustoffen der Aussenwand zu finden.

3.5.8. Biofarben aus Erdstoffen

Zweckmässig bearbeitete Erdstoffe ergeben nach Beigabe von Wasser sowie pflanzlichen oder animalischen Zusatzmaterialien verschiedene Anstrichmittel. Biologische Farb- und Schutzmaterialien müssen atmungsfähig, regenerierend und widerstandsfähig sein und auch ein optimales Feuchtigkeitsverhalten aufweisen können. Die bekanntesten biologischen Anstrichmitteltypen erdstofflicher Herkunft sind die Kalkfarben aus gelöschtem Kalk und die Wasserglasfarben. Beide haben eine gesundheitsgerechte, keimtötende und regenerierende Wirkung.

Kalkfarben

Leimfarben

Leimfarben bestehen hauptsächlich aus Kreide, welche mit Zelluloseleim gemischt werden. Wegen ihrer Wasserlöslichkeit sind sie für feuchte Räume und für Aussenwände nicht geeignet. Viele aufgeschlossene Unternehmer stellen schon naturgerechte und ungiftige Farben sowie Schutzmittel für baubiologische Anwendungen her.

3.5.9. Das Metall

Metalle sind chemische Elemente, in deren Kristallgitter die äusseren Elektronen nur lose gebunden sind und leicht verschoben werden können. Ihre wichtigsten Stoffeigenschaften – wie starker Glanz, grosses Lichtabsorptionsvermögen, hohe elektrische und Wärmeleitfähigkeit, plastische Verformbarkeit, Neigung zur Bildung positiver Ionen, Legierungsfähigkeit – sind durch die spezifische Kristallstruktur erklärbar.

Metalle kommen in der Natur fast nie als reines Metall vor, sondern als Verbindung mit anderen Elementen wie Sauerstoff, Schwefel usw. In der Konstruktion ist zum Beispiel das meistverwendete Metall das Eisen, das infolge seiner starken Neigung, sich mit Sauerstoff zu verbinden, fast nur in Erzen zu finden ist. Natürliche Metallerze sind elektrisch gesehen Halbleiter, im Gegensatz zu Vollmetallsorten, welche man beim Bau anwendet und die extreme Volleiter sind. Die von uns benützten ziemlich reinen

Metallerze der Natur

Metalle sind auch wärmetechnisch gesehen sehr gute Leiter. Genau diese zwei Eigenschaften machen die Anwendung von Metallen in grossen Mengen im biologischen Hausbau fragwürdig. Durch ihre extremen Leitungsfähigkeiten beeinflussen Metalle oft nachteilig das natürliche Strahlungsfeld des Wohnraumes und leiten auch die zum Leben notwendige Wärmeenergie der Menschen allzuleicht ab.

Reinmetall und Strahlungsfeld

In früheren Perioden der Menschheitsgeschichte war die Anwendung der Reinmetalle und ihrer Legierungen relativ selten. Sie dienten vorwiegend als Geldmünzen oder als Kriegsausrüstung und in bescheidenem Masse in ihren veredelten Formen als Kupfer, Bronze, Zinn, Silber oder Gold auch im Haushalt. Heute werden die Metalle, besonders Eisen, Stahl, Aluminium und der Spezialfall Asbest (Magnesiumsilikat) in allen unseren Lebensbereichen in unvorstellbaren Mengen verwendet, obwohl die meisten Menschen instinktiv fühlen, dass grossflächige metallische Baustoffe meistens disharmonisch auf ihre Umgebung wirken. Aus diesem Grunde verlangen alle Spezialisten der Baubiologie einen möglichst metallfreien Lebensraum. Man sollte Metalle nur dort einsetzen, wo es aus technischen Gründen unbedingt notwendig ist, und durch verschiedene Isolierungs- und Abschirmungsmassnahmen dafür sorgen, dass ihre eventuell negativen Auswirkungen auf Wohnhygiene und Energiesparen weitgehend begrenzt werden.

3.5.10. Andere biologische Baustoffe aus der Erde

Gemischte Baustoffverbindungen

Neben den erwähnten wichtigsten Konstruktionsmaterialien erdstofflicher Herkunft gibt es noch eine Reihe verschiedener gemischter Baustoffverbindungen. So können zum Beispiel Erdstoffe mit pflanzlichen Materialien in Verbindung gebracht werden. Die biologischen Qualitäten der so entstandenen Produkte sind davon abhängig, ob bei der Grundstoffwahl und beim Herstellungsverfahren die stoffbezogenen Naturgesetze eingehalten wurden oder nicht. Verschiedene baubiologisch verantwortbare, gemischte Baustoffe sind bereits auf dem Markt; aussichtsreiche Forschungen, um die Auswahlmöglichkeiten in neuen und preisgünstigen Kulturstoffen erweitern zu können, sind im Gange.

3.6. Die pflanzlichen Biobaustoffe

Die eigenartige «Lebendigkeit» mineralischer Materialien sind für unsere Sinne relativ schwer erfassbar. Demgegenüber haben die pflanzlichen Stoffe einen klar definierbaren, eindeutig wahrnehmbaren und wohltuenden Einfluss des Lebendigen auf die meisten Menschen, die ihre gefühlsmässige Naturverbundenheit noch nicht ganz verloren haben. In Räumen, welche viel unverfälschte, pflanzliche Baustoffe beinhalten, fühlt man sich einfach wohl, warm, geborgen; man hat das Gefühl einer wiedergefundenen Harmonie zu unserer natürlichen Umwelt. Ein solcher Raum wird fast zum Ersatz für Wald und Wiese. Die allerersten Baumaterialien der Menschheit waren vegetabilen Ursprungs, der Mensch konnte bis heute trotz Computer und Grosstechnologie noch keinen einzigen künstlichen Baustoff entwickeln, dessen biologische und bauphysikalische Eigenschaften nur annähernd einem pflanzlichen Baumaterial ebenbürtig sein könnten. Der Grund dafür ist, dass vegetabile Baustoffe noch während Jahrhunderten nach ihrem Einbau lebendig bleiben, und genau diese von Menschen nicht erzielbare Lebendigkeit der Materie macht sie so wertvoll und unersetzbar.

«Lebendige» Baustoffe

Die wichtigsten pflanzlichen Baumaterialien des modernen Hausbaues sind Holz, Kork, Kokosfasern, Naturbitumen, Sisalpapiere, magnesitgebundene Holzfaser, Schilfrohr, Stroh, Rinde, Riedrohr, die in zahlreichen Formen für die verschiedensten Anwendungszwecke eingesetzt werden können.

3.6.1. Holz ist gespeicherte Sonnenenergie

Viele Millionen Kubikmeter Holz wachsen jährlich neu auf unserer Erde. Allein in der kleinen Schweiz wachsen pro Jahr 6,5 Millionen Kubikmeter nach, über das ganze Jahr gerechnet jede Minute zwölf Kubikmeter. Der Holzbedarf für den Bau eines durchschnittlichen Einfamilienhauses wächst in einer Minute! Ist das nicht ein Wunder? Weil Pflanzen das Blattgrün aus Sonnenlicht und Solarwärme aufbauen, können wir das Holz als einen lebendigen Sonnenenergiespeicher betrachten. Diese während Jahrzehnten gespeicherte Energie wird beim Einsatz des Holzes als Baustoff dem Bewohner durch verschiedenste biophysikalische Effekte restlos zugute kommen. Deshalb ist Holz das allerbeste und gesündeste Baumaterial des Menschen.

Welches sind die wertvollsten Holzeigenschaften?

- Holz ist mit der kosmischen Strahlungsumwelt in Harmonie, erzeugt keine Nullfelder und hat eine positive Wirkung auf eventuell vorhandene schädliche Erdstrahlen.
- Holz isoliert 5- bis 10mal besser als Beton, 1500mal besser als Aluminium und leitet nur wenig Wärme ab.
- Holz ist durch seinen lebendigen, grossflächigen, porigen Aufbau (innere Oberfläche bis zu etwa 200 m^2 pro cm^3!) besonders atmungsfähig, feuchtigkeitsregulierend und regenerationsfähig.
- Holz ist wenig radioaktiv (Holzbau: 80 mr/Jahr, Betonbau: 204 mr/Jahr).
- Holz filtert oder entlädt die lebenswichtigen Sauerstoffionen nicht. Seine Kleinionen reichern die Luft an, wodurch die Räume von gross-

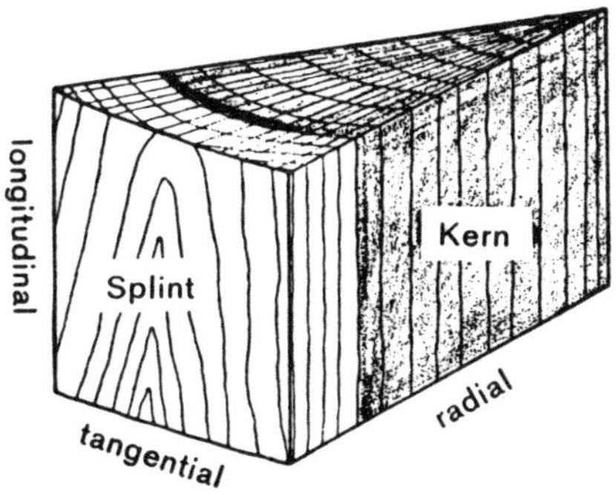

Bild 35
Hauptschnittrichtung des Holzes

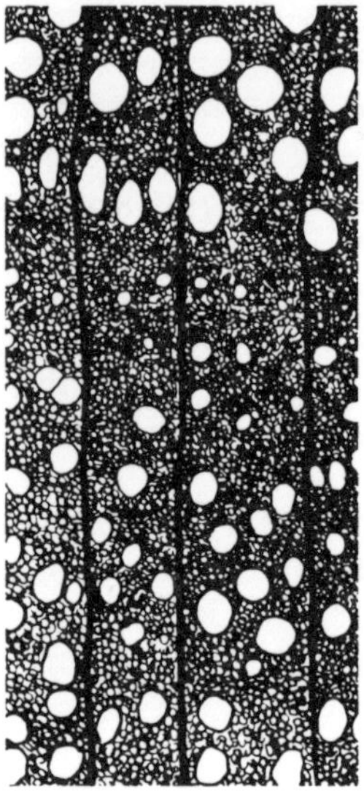

Bild 36
Mikro-Querschnitt durch Buchenholz

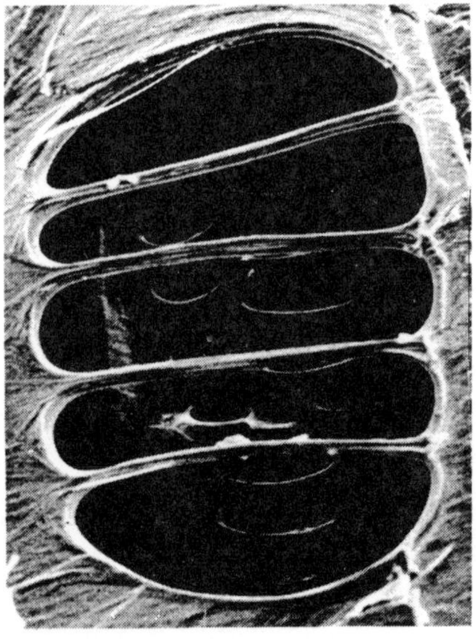

Bild 37
Radialschnitt durch Birkenholz im Raster-Elektronenmikroskop (Dok. Lignum)

ionigen Bakterien und Staubelementen durch Entionisierung gereinigt werden.

- Holzflächen laden sich elektrostatisch kaum auf.
- Unbehandeltes oder natürlich behandeltes Holz enthält keine giftigen Aufbaustoffe.
- Die hohe Elastizität des Holzes erlaubt, gesunde und tragfähige Baustrukturen zu realisieren.
- Im ökonomischen Bereich braucht Holz wenig Energie zu seiner Herstellung, verursacht keine Umweltprobleme, sein Grundstoff ist auf natürliche Weise erneuerbar, hat eine lange Lebensdauer und ist preisgünstig.
- Die psychologische Harmonie des Holzes zum Menschen ist durch seine Ausstrahlung, Oberflächenstruktur und Farbe nicht zu übertreffen.
- Brandverhalten und Schallschutz sind die zwei Hauptprobleme für Holzbauten, welche vom konstruktiven Aufbau abhängig sind. Moderne statistische Untersuchungen amerikanischer Versicherungsgesellschaften zeigen jedoch, dass Holzbauten erstaunlicherweise weniger Feuerschaden erleiden als Massivbauten (1112 Schäden gegenüber 2130 pro Jahr für etwa 2 Millionen Wohnhäuser).

Als Bauholz werden einheimische Nadelhölzer (Fichte, Tanne, Kiefer, Lärche usw.), Laubhölzer (Buche, Eiche usw.) sowie verschiedene Importhölzer (Hemlock, Redwood, Pitch Pine, Mahagoni usw.) verwendet. Holz wird auch in Form von Sperrholz, Holzwollplatten, Spanplatten, Faserplatten, Sägemehlplatten, Tischlerplatten und Papier verarbeitet, wobei möglichst biologisch naturgerechte Bindemittel eingesetzt werden sollten: Natur-Bitumkleber, kaustischer Magnesit, Pflanzenleim, Knochenleim, Milchleim usw.

Holzbaustoffe werden als Bauelement für Strukturen, Wand- und Bodenkonstruktionen, aber auch als Fassaden oder Dachschindeln gebraucht. Holz wird manchmal mit mineralischen Konstruktionsmaterialien verbunden. Die Beigabe von Sägemehl zu gebrannten Ziegeln sowie verschiedene Kombinationen zwischen Holzspänen und zementartigen Bindemitteln sind bekannt. Die Möglichkeit für die Fabrikation von biologisch hochwertigen, preisgünstigen Mischbaustoffen ist gegeben, wenn bei der Holzverarbeitung und Bindemittelherstellung die baubiologischen Gesetzmässigkeiten naturgerecht respektiert werden. Die grenzenlose Anwendung des Holzes für Konstruktionszwecke ist allein durch die natürliche Verfügbarkeit des Stoffes begrenzt.

3.6.2. Kork und Kokosfasern, die Isolierstoffe der Natur

Etwa 40 Millionen Poren enthält ein Kubikzentimeter Kork. Diese homogene Rinde der Korkeiche erfüllt durch ihre lufthaltigen Zellen ihre natür-

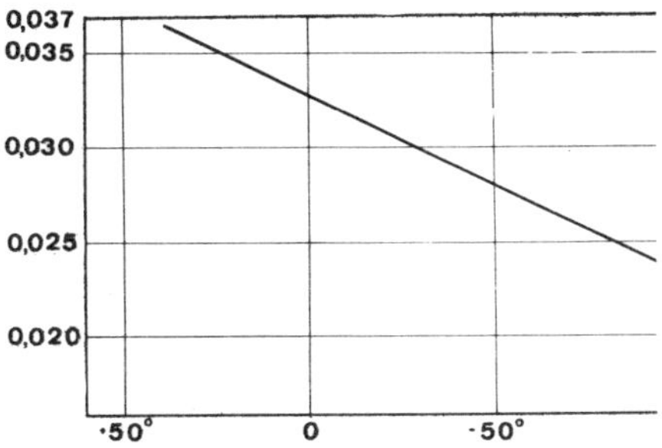

Bild 38
Die Wärmeleitzahl (in W/m · °C) des Korkes variiert in Funktion der Temperaturen

liche Rolle als Isolator. Auch im Hausbau ist der Kork ein wertvoller, biologisch hochwertiger Isolierstoff. Meistens wird er als Presskork oder als Blähkork eingesetzt. In seiner schrotartigen Form ist Kork ein strahlungsabsorbierendes Material (Schröder-Speck). Er wird auch in Verbindung mit Bitumen gebraucht. Neben seinen Isoliereigenschaften ist Kork auch ein beliebtes Dekorationsmaterial, welches vernünftig eingesetzt einen harmonischen Wohnkomfort ermöglicht. Problematisch ist manchmal seine elektrostatische Aufladbarkeit und der durch die Seltenheit bedingte relativ hohe Preis.
Unter heisser tropischer Sonne fungieren Kokosfasern als natürlicher Thermoschutz der Kokosfrüchte. Diese guten thermischen Eigenschaften werden seit langem auch für die Bauisolierungen höchst geschätzt, weil Kokosfasern nicht nur isolierend, sondern auch biologisch atmungsfähig sind. Sie werden in verschiedensten Ausführungsarten als Wärmeschutz wie auch als wertvolle Schallschutzisolierung benützt. Gute Fabrikate haben eine beständige und natürliche Elastizität und sind fäulnisfrei. Kokosfasern werden oft mit verschiedenen Filzen kombiniert und als Kokos-Dämmfilzplatten benützt.

3.6.3. Naturbitumen

Bitumen ist, im Gegensatz zu Teer und Pech, ein Naturstoff. Es ist seit über 4000 Jahren als Baumaterial bekannt und kann als Isolierstoff oder als Bindemittel benützt werden. Als Bitumina kommt Bitumen in zahlreichen chemischen Kombinationen vor, in Verbindung mit verschiedenen Ölen und Gasen. Naturasphalt ist eine Mischung von Gesteinen und Bitumen.

Bitumen als Isolierstoff

Es wird vorwiegend als Feuchtigkeitsisolierstoff eingesetzt, oft in Verbindung mit unterschiedlichen Filzen, Geweben und Kork. Nach Schröder besitzen bereits 2–5 mm dicke Asphaltingewebe als Bodenunterlage strahlungsisolierende Eigenschaften.
Bitumen und Naturasphalt haben biologische Qualitäten, welche die ähnlichen, jedoch künstlichen Erzeugnisse wie Teer und Pech nicht aufweisen. Diese chemischen Produkte stammen aus der trockenen Destillation von Steinkohle und Braunkohle und sind auch bautechnisch weniger wertvoll (kleinere Plastizität, ungenügend stabil, in dünnen Schichten entstehen Risse, und haben einen starken und schlechten Geruch).

Bodenbeläge

Bitumen wird auch für die Herstellung von Bodenbelägen in Form von Platten oder als zusammenhängende Schicht verwendet.

3.6.4. Stroh, Schilf, Jute, Bambus und Filz sind auch Biobaustoffe

Stroh und Schilf

Stroh und Schilf sind Baustoffe mit grosser Tradition, sie werden noch oft in grossen Mengen in vielen Ländern der Welt verwendet. Strohdächer sind übrigens, biologisch und wärmetechnisch betrachtet, ein absolutes

Bild 39
Schilfrohrplatten bilden ein natürliches Isoliermaterial

Spitzenprodukt. Bei uns kommt Stroh als Dachbedeckung wegen seiner Feuergefährlichkeit und weil Fachleute fehlen nur noch ausnahmsweise zur Anwendung. In Verbindung mit anderen Baustoffen wie gebranntem oder ungebranntem Lehm können Materialqualitäten oft wesentlich verbessert werden. Die an der Sonne getrockneten «Lehm-Stroh-Backsteine» sind die ältesten, aus Pharaonen-Zeiten bekannten Baustoffe der Zivilisation.

Schilfrohr wird in verschiedenen Ausführungen als Putzträger (Rohrmatten) verwendet. Bei ganz dichter Bindung entstehen die Schilfrohrplatten, die gepresst ein wertvolles Isoliermaterial darstellen. Mit Plattenstärken zwischen 2 und 5 cm kann man sie aufgelegt oder freihängend benützen. Schilf dient auch als Bewehrungseinlage für Gipsdielen.

Jute ist ein Fasergewebe mit grosser Feuchtigkeitsbeständigkeit und Biegsamkeit. Sie wird in Verbindung mit Bitumen und Zusatzstoffen zu Isolierzwecken verwendet. Juten dienen auch als biologische Putzträger und können als Linoleumunterboden, als Teppichgrundgewebe und sogar als Wandverkleidung benützt werden.

Bambusrohr

Bambus hat eine grosse Zugfestigkeit und Elastizität, gute Isolierwerte und ist atmungsfähig – Eigenschaften, die unter gewissen Bedingungen für Bauzwecke besonders wertvoll sein können. Er kann nicht nur in tropischen Ländern, sondern auch anderswo in Verbindung mit anderen Baumaterialien als Baustoff eingesetzt werden. So sind in Frankreich und Russland Versuche im Gange für die Entwicklung einer Bambusart, welche als Armierung anstelle des teuren und unbiologischen Eisens für Betonelemente geeignet wäre.

Baufilze

Filze werden in Form von Matten oder Platten, unter Einwirkung von Wärme, Feuchtigkeit und Druck mit Hilfe eines Gleitmittels aus verschiedenen pflanzlichen oder animalischen Fäden hergestellt. Sie dienen als biologische Isolierstoffe und können in Verbindung mit Bitumen (Stärke 2–4 mm) und auch mit Korkschrot (Dicke 5–10 mm) benützt werden, besonders als Bodenunterlage. Auch zur Schallisolierung der Wände sind Filze wertvoll.

Dämmstoffe aus Rindenschrot

Dämmstoffe aus Rindenschrot (die ungünstige hochfrequenzige Mikrowellenstrahlungen in einen günstigeren Niederfrequenzenbereich umwandeln können), Sisalpapiere, Leinen, Torfplatten, Seegras, Riedrohr und Wolle sind ebenfalls Baustoffe pflanzlicher Herkunft, die gute baubiologische Eigenschaften besitzen.

3.6.5. Farben, Schutzstoffe und Klebemittel aus der Pflanzenwelt

Es genügt nicht, wenn die angewendeten Hauptmaterialien der Konstruktion biologisch sind. Auch die Stoffe, die zum Schutz, zur Bindung oder Farbgebung eingesetzt werden, sollten biologisch, bauphysikalisch und energietechnisch hochwertig sein. Diese Zusatzmaterialien in Form von

Schutzfilmen, Klebemitteln und Farben müssten insbesondere atmungsfähig und chemisch ungiftig sein.

Naturharze und Latex

Die wichtigsten Grundstoffe für die Herstellung dieser Produkte sind verschiedene natürliche Harze, Latex, Bitumen, Leinöle, Korkmehl, Naturpigmente, Bienenwachs und Zellulosen.
Eine ganze Reihe kleinerer und mittlerer Firmen offerieren eine grosse Auswahl solcher Stoffe pflanzlicher, mineralischer oder animalischer Herkunft.

3.7. Welche Biobaustoffe wählen?

Baustoffwahl: ein Optimierungsprozess

Die ganzheitliche Untersuchungsmethode der Baumaterialien hat gezeigt, dass die Stoffqualitätsbestimmung auf drei verschiedenen, jedoch gleichzeitig voneinander abhängigen Ebenen erfolgen muss. Diese Hauptkriterien sind – vereinfacht ausgedrückt – die Gesundheit, die Technik und die Umwelt (Bioharmonie, Technoharmonie und Ökoharmonie). Alle drei die Materialqualität bestimmenden Fragenkomplexe haben eine eindeutig determinierbare direkte oder indirekte Wirkung auf die körperliche und seelische Gesundheit der Bewohner und auch auf das wärmetechnische Verhalten des Baukörpers. (Sogar verschiedene Farben erzeugen unterschiedliche Komfort- und Wärmegefühle im Raum!) Zusammenfassend möchten wir jedoch eindeutig betonen, dass es keinen Baustoff gibt, der alle möglichen, positiven Eigenschaften in sich vereinigt. Die richtige Auswahl ist ein Optimierungsprozess, wobei neben der Bautechnik auch die persönlichen Gefühle des Bauherrn, besonders im Bereich des Innenausbaus, sehr massgebend in Betracht gezogen werden müssen. Die wichtigste Rolle des ganzheitlich denkenden Architekten ist, seinem Bauherrn solche Baustoffe vorzuschlagen, die nicht nur baubiologisch, technisch und ökologisch optimal sind, sondern auch seelisch die spezifischen Bedürfnisse der zukünftigen Bewohner der Hauses befriedigen können. Natürlich dürfen auch die wirtschaftlichen Gesichtspunkte nicht vernachlässigt werden; man sollte jedoch nicht versuchen, billig zu bauen, sondern preiswert. Wenn man die bereits erwähnten, zahlreichen Stoffqualitätskriterien tabellarisch zusammenfasst und diese mittels Bewertungspunktesystem analysiert, wird man ohne weiteres feststellen können, welch grosse baubiologische, technische sowie ökologische Vorteile die einfachen, natürlichen und traditionellen Baustoffe aufweisen (siehe Tabelle auf Seite 86). Soll das jedoch heissen, dass die sogenannten modernen Baumaterialien prinzipiell untauglich sind und keine Zukunft haben? Ganz bestimmt nicht! Durch menschliche Technik entwickelte Materialien sind für die Baubranche sehr notwendig; sie sollten aber naturgerechte und menschenfreundliche Baustoffe sein. Die Ingenieure der Bauindustrie müssten versuchen, umzudenken und in ihren Herstellungsprozessen neben den technischen und ökonomischen Gegebenheiten auch die biologischen und ökologischen Notwendigkeiten wieder in Betracht zu ziehen. Der Mensch kann keine Naturstoffe herstellen, das ist klar. Er hätte jedoch die Möglichkeit, wenigstens durch Erforschung und besseres Verständnis der Natur solche Baumaterialien zu fabrizieren, welche man als menschenwürdige «Kulturstoffe» (Dr. med. Palm) bezeichnen könnte.

«Kulturstoff»: ein neuer Begriff

Ein Kulturstoff sollte lebensqualifiziert sein und nur solche naturgerecht behandelte Rohmaterialien in sich vereinigen, welche kein Gift für Arbeiter, Verbraucher und Umwelt darstellen. Da auch die Industrie zur Herstellung ihrer chemischen Baustoffe natürliche Rohmaterialien verarbeitet, sollte man vermehrt darauf achten, dass diese Stoffe auch als Fertigprodukt die wertvollen natürlichen Originalstoffeigenschaften weitgehend beibehalten. Durch Beachtung dieser Prinzipien könnte es möglich werden, statt tot wirkende, gekünstelte Kunststoffe lebensgerechte Kulturstoffe herzustellen, die durch optimierte und schonende Behandlung bei der Fabrikation sogar erhöhte biologische Qualitäten aufzuweisen vermöchten.

Rohstoffwahl und Energieeinsatz als Umweltproblem

Als Rohstoffe dürften nur solche eingesetzt werden, die auf Erden praktisch unbegrenzt vorhanden sind, deren Bearbeitung wenig Energie erfordert und auch keinen zerstörenden Einfluss auf die Umwelt ausüben.

In diesem Sinne wirkend, könnten die Industrien, die heute noch oft menschenfeindliche Baustoffe herstellen, dem Verbraucher solche Konstruktionsmaterialien anbieten, welche nicht nur energietechnisch, sondern auch aus der Sicht der Gesundheit und Umwelt verantwortbar sind. Die Zahl der Firmen, die diese Wahrheit bereits erkannt haben, wird von Tag zu Tag grösser. Diese Tatsache gibt dem Planer und dem Bauherrn bereits heute die Möglichkeit, für sein Sonnenhaus diejenigen Baustoffe auszuwählen, die in ganzheitlicher biologischer Harmonie zu den Bewohnern und zur Umwelt stehen.

Die neue Biobaustoffindustrie hat Zukunft

4. Das Planungskonzept des biologischen Sonnenhauses oder wie man durch Architektur gesund bleiben und Energie sparen kann

Das «aktive» Sonnenhaus

Der Begriff «Sonnenhaus» ist bereits Allgemeingut geworden. Man versteht unter dieser Bezeichnung einen Bau, dessen Energiebedarf teilweise durch Sonneneinstrahlung gedeckt wird. Wenn das Haus vorwiegend mit Hilfe von zusätzlich installierten Sonnenkollektoren beheizt wird, spricht man von «aktiven Sonnenhäusern», die in der heutigen Praxis leider oft nichts anderes sind als «solarisierte» Bauten, meistens ganz gewöhnlicher Art. Gebäude, die ihren Energiebedarf mit Hilfe von baulichen Massnahmen, möglichst durch weitgehend direkte Sonneneinstrahlung, zu decken versuchen, werden «passive Sonnenhäuser» genannt. Diese Bezeichnung ist nicht ganz richtig, da das Wort «passiv» einen negativen Sinn hat; doch erfordert genau diese architektonisch relativ mühevoll realisierbare Bauweise von den Planern und Bauherren besonders viel Nachdenken und Einfühlungsvermögen, was keinesfalls als «passiv» bezeichnet werden sollte. Auch die nach diesen Ideen erstellten Bauten sind in Wirklichkeit nicht «passiv», sondern bauphysikalisch weitgehend reaktionsfähig. Beide Arten der Solararchitektur betrachten jedoch das Problem Sonnenhausbau nur unter dem energietechnischen Gesichtspunkt, ein Anliegen, das trotz seiner Wichtigkeit nur einen Teilaspekt der Architektur bedeuten kann. Hausbau ist mehr als nur Energiesparen, weil das Bauen auch auf die seelische und körperliche Gesundheit der Bewohner einen biologisch nicht unterschätzbaren Einfluss ausüben kann. Um diese beiden Aspekte des Problems Energie und Baubiologie auch sprachlich eindeutig zu definieren, hat der Autor den Ausdruck «Biosolar» kreiert, um damit eine «ganzheitliche» Solararchitektur bezeichnen zu können. Die «Biosolar-Architektur» ist eine Baukunst, die das Problem Bauen in ihrer biologischen Ganzheit zu betrachten anstrebt. Sie ist eine Architektur der Harmonien zwischen kosmischer Strahlungsumwelt, irdischen Stoffqualitäten, Bauformen und Menschen. Die Forschungsarbeiten zeigen, dass die Baumeister uralter Kulturen das Problem durch Intuition überraschend gut kannten. Die Wurzeln der biosolaren Architektur liegen deshalb tief in der vernünftigen Tradition der Vergangenheit, deren Baukunst jedoch mit unseren modernen, technischen Errungenschaften erstaunlicherweise meistens problemlos kombinierbar ist.

Das «passive» Sonnenhaus

Das «Biosolar»-Sonnenhaus

Der biologische Sonnenhausbau hat fünf wesentliche und voneinander abhängige Konzeptproblemgruppen, die in den verschiedenen Stufen der Planung optimiert gelöst werden müssen. Es sind dies:

- Das Standortkonzept
- Konzept der Bauelemente
- Konzept der Bauformen und Raumordnungen
- Konzept der Haustechnik
- Systemkonzepte

Die fünf Grundkonzepteinheiten beinhalten eine ganze Reihe sekundärer Problemstellungen, für die der Planer und der Bauherr ganzheitlich harmonische Lösungsvorschläge ausarbeiten müssen. Die manchmal schon ziemlich früh gefassten planerischen Entscheidungen werden das biologische und energietechnische Verhalten des Bauwerkes oft sehr wesentlich, für viele Jahrzehnte, eindeutig bestimmen.

4.1. Das biologische Standortkonzept

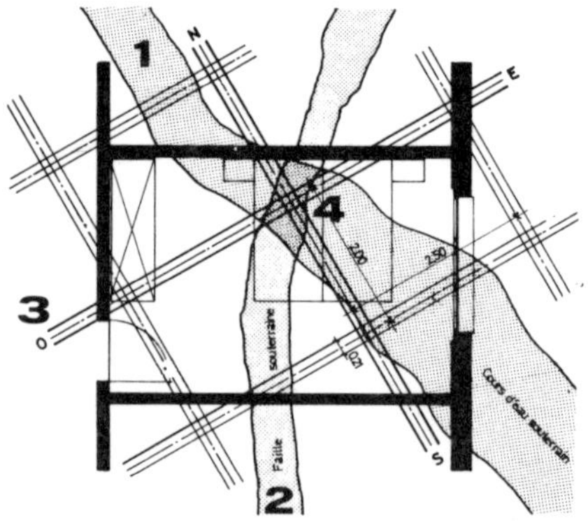

Bild 40
Das Zusammenspiel mehrerer geopathischer Einflüsse kann einen architektonischen Raum standortbedingt höchst gesundheitsgefährlich machen
1 Grundwasser
2 Geologischer Bruch
3 Elektromagnetische Erdgitter
4 Geopathischer Knotenpunkt

In alten Kulturen war die Bestimmung des Standortes für einen Bau, sei es für religiöse oder für Wohnzwecke, ein besonders wichtiges und bedeutungsvolles Ereignis. Jedermann wusste, dass der ausgewählte Bauplatz auf die Nutzbarkeit des darauf zu errichtenden Objektes einen nicht zu unterschätzenden, heilvollen oder negativen Einfluss ausüben wird. Die diesbezüglichen Handlungen haben deshalb oft einen fast kultischen Charakter gehabt, dessen wahrer Sinn jedoch stets ein natürliches Phänomen oder eine elementare Gesetzmässigkeit verbarg.
So konnte man zum Beispiel durch moderne geophysikalische Grunduntersuchungen (Williams) mit Hilfe von SU-Messungen (Schröder), Frequenzanalysatoren (Lang), Georhythmogrammen (Hartmann) und Szintillationszähler-Diagrammen (Stängle) feststellen, dass die seit Jahrtausenden bekannten Erdstrahlungseffekte auch wirklich existieren und indirekterweise sogar sehr einfach messbar sind.
Durch biophysikalische Methoden haben die Chinesen bereits vor 4000 Jahren solche Untersuchungen durchgeführt; die auf Erfahrungen gestützte Vorschrift des chinesischen Architekten lautete: «Suche einen guten Baugrund aus und versündige dich mit deiner Schöpfung nicht an der Natur.» Auch die Wände des Baukörpers, bezüglich Orientierung, sollten vorschriftsgemäss in Harmonie mit den Richtungen der erdmagnetischen Felder erstellt werden.
Die Methode der alten Römer für die strahlungstechnische Baugrunduntersuchung war anders. Vor der definitiven Bestimmung eines neuen Ortes für Wohnbauzwecke haben sie während eines Jahres das Land den Schafen überlassen. Danach haben sie die Tiere geschlachtet und

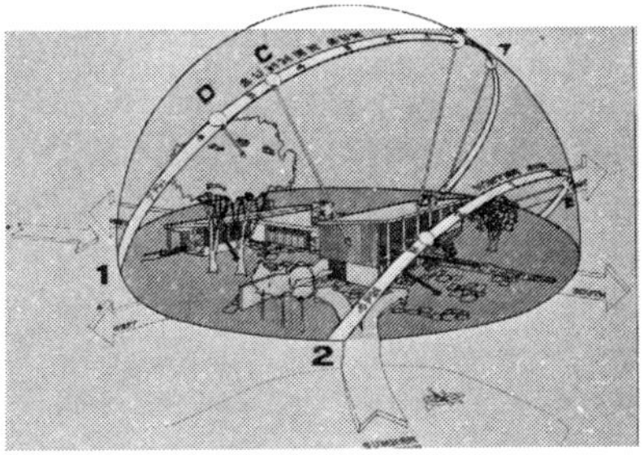

Bild 41
Durch optimierten Standort wird die Nutzung der Solarstrahlung im Sommer (Kurve 1) und im Winter (Kurve 2) ermöglicht

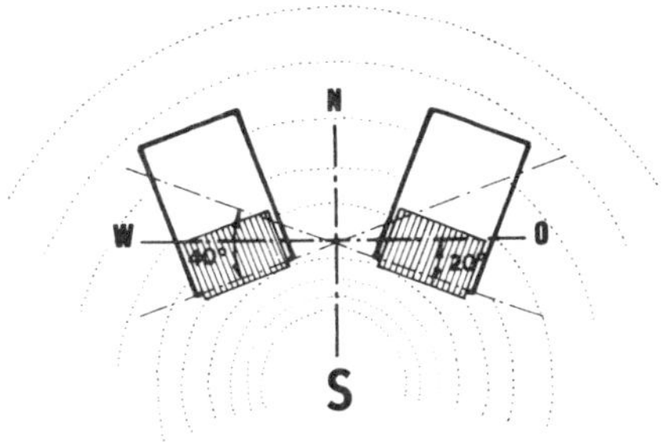

Bild 42
Mit einer Abweichung bis zu 20° von der Südorientierung können Sonnenkollektorflächen mit einem relativ guten Wirkungsgrad arbeiten

ihre Lebern untersucht. Wenn diese nicht mehr gesund waren, wussten sie, dass der in Frage stehende Standort auch für Menschen gesundheitsschädlich wäre.

Bekanntlich kann ein Baugrundstück infolge unterirdischer Wasserläufe, geologischer Brüche und Verwerfungen sowie vagabundierender elektrischer Ströme für Mensch, Tier und Pflanzen ungesund wirkende Strahlungen aussenden. Die Fachliteratur nennt die strahlungsbelasteten Landstreifen geopathische Zonen, die verschiedene Krankheiten wie Schlaflosigkeit, Müdigkeit, Rheumaleiden, Nervenleiden, Krebs usw. verursachen können. Nach Dr. J. Kopp und anderen anerkannten Wissenschaftern erwirken die Reizstreifen und insbesondere die geopathischen Knotenpunkte Rissbildungen in Betonmauern, Deckenrisse, Feuchtigkeitserscheinungen, Mindertemperaturen von 1–3 °C, Gerüche, verstärkte Rostbildung, schlechten Ofenzug und Verderbung von Lebensmitteln, um nur einige negative Effekte zu erwähnen.

Wenn die Schädlichkeit eines Baugrundes erkannt wird, bestehen mehrere Möglichkeiten zur Verbesserung der Situation. Wenn die Verschiebung des Baukörpers, die Ableitung des Grundwassers oder das Suchen eines anderen Standortes nicht möglich ist, kann man sich mit baubiologischen Isolierungsmethoden sowie mit verschiedenen natürlichen oder technischen Entstörungsmassnahmen helfen. Besonders die Anwendung von biologisch hochqualifizierten Baustoffen kann sich oft sehr positiv auswirken.

Der Ort des Grundstückes bestimmt durch seine Höhenlage und geographische Situation auch den Einfluss der kosmischen Strahlungen. Die aus dem Kosmos kommenden Strahlen, deren Herkunft die Sonne, der Mond und andere Planeten sind, beeinflussen das Leben an einem Ort gesundheitlich und energietechnisch. Die klimabedingten Einflüsse auf das Wohlbefinden sind allgemein bekannt, und viele Kurorte in den Bergen oder am Meer wissen diese Möglichkeiten für Heilzwecke auszunützen. Die Erträglichkeit des Klimas sollte bei der Wahl des Wohnortes wenn möglich in Betracht gezogen werden.

Die makroklimatischen Einflüsse werden aus der Sicht des Heizenergieverbrauchs, hauptsächlich durch thermisch wirkende solare Direktstrahlung, diffuse Strahlung und Globalstrahlung bestimmt. Diese orts- und lagebedingten Begriffe sind auch von Saison und Tageszeit abhängig. Die Intensität von Strahlung, Sonnenscheindauer, Sonnenscheinwahrscheinlichkeit und verschiedene Jahressummen der erhaltenen Strahlungsenergien sind die wichtigsten Messresultate der meteorologischen Beobachtung; Werte, die in Abhängigkeit der jeweiligen geographischen Lage des Baulandes variieren. Beim Kauf eines Grundstückes kann schon im Vorprojektstadium ein graphischer Nachweis der Besonnungsverhältnisse für den zu erstellenden Bau bestimmt werden. Neben der Besonnung haben auch Wind-, Regen- und Nebelverhältnisse eine nicht

Bild 43
Pflanzen an der richtigen Stelle können kalte Luftströmungen ablenken

zu unterschätzende Wirkung auf die Gesundheit und den Energieverbrauch.
Ein Bauland hat nicht nur einen gesamtklimatischen, sondern auch einen mikroklimatischen Einfluss auf den Heizenergiebedarf eines Gebäudes. Um ein biologisches Sonnenhaus zu konzipieren, das die Sonnenstrahlung vorwiegend natürlich und direkt benützt, muss das Grundstück eine optimale Süd- oder Südwestorientierung der grössten Hausfassaden ermöglichen. Ein relativ ruhiges, windgeschütztes Mikroklima vermindert auch den Heizenergieverbrauch des Hauses. Günstig gelegene Hanglagen können manchmal als Windschutzböschung benützt werden. In speziellen Fällen kann sogar eine teils eingegrabene Bauweise als Energiesparmassnahme betrachtet werden. Bereits vorhandene Bäume bieten Schutz vor starken Stürmen, wodurch die Lüftungsverluste der verglasten Fassaden oft wesentlich kleiner werden. Im Sommer schenken die Bäume wertvollen, kühlenden Schatten, lassen jedoch im Winter die willkommene Sonnenstrahlung, die als direkte Solarheizung wirkt, durch.
Die Untersuchungen zeigen, dass der lagebedingte Energieverbrauch für zwei identische Bauten, die jedoch an verschiedenen Orten liegen, sehr unterschiedliche Werte aufweisen kann. Nimmt man zum Beispiel an, dass ein freistehendes Einfamilienhaus in «normaler» Lage 100 % Energie verbraucht, so wird es in anderen Standortsituationen die folgenden Heizenergiemengen benötigen:

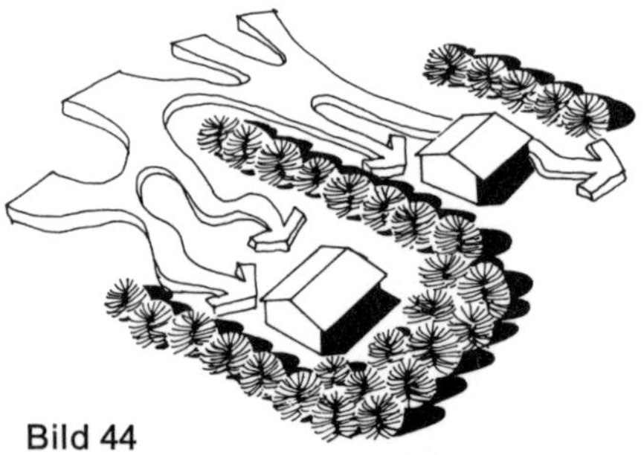

Bild 44
Durch Hecken und Baumgruppen kann man Luftströme auch blockieren oder in gewünschte Kanäle lenken

Tabelle 23
Lagebedingter Energieverbrauch der Bauten

In Tallage, infolge ruhender Kaltluftschichten	ca. 125 %
Beschattet durch dichte Wälder rundherum	ca. 110 %
Exponierte Höhenlage	ca. 110 %
Teils besonnte Flachlage in lichtem Walde	ca. 85 %
Offene Südhanglage	ca. 85 %
Flachlage, gegen Norden durch dichten Wald geschützt	ca. 60–70 %

Strahlenreflektierende Wasserflächen, Hecken, Böschungen, verschiedene Wände und Bauvolumen in der Landschaft beeinflussen den Energiebedarf ebenfalls. Hochhäuser erzeugen in der Umgebung formbedingte Windturbulenzen, die nicht nur den eigenen Energiebedarf erhöhen, sondern auch den Energieverbrauch der Nachbargebäude. Bei einem gesamtheitlich günstigen Lagekonzept – Südhanglage, Wasserflächen und Windschutzwald gegen Norden usw. – kann man allein durch energietechnische Standortoptimierung bis zu 50 % Heizenergie einsparen.

Standortoptimierung durch Check-Liste

Neben den günstigen klimatischen Eigenschaften muss ein Bauland noch eine ganze Reihe anderer lagebezogener Qualitäten aufweisen können, die sich vielleicht nur indirekt, aber oft doch sehr wesentlich, auf die Bewohnbarkeit eines Ortes auswirken können. Untersuchen wir das Problem tabellarisch, wodurch eine einigermassen quantifizierbare Bewertung, zum Beispiel durch Punktesystem, erfolgen kann (Maximum 10 Punkte, Minimum 0 Punkte oder + und –).

Tabelle 24

Fünfzig Vergleichskriterien für die Standortbestimmung

Allgemeine Kriterien:	**Ort 1**	**Ort 2**	**Ort 3**
– Kultivierte Nachbarschaft			
– Günstige Transportverbindungen			
– Relativ naher Arbeitsplatz			
– Schule in der Nähe			
– Einkaufsmöglichkeiten			
– Arzt in der Nähe			
– Freizeitgestaltung			
– Versorgungsmöglichkeit bei Krisen			
– Kaufpreis			
– Erschliessungskosten			
– Anschlussgebühren			
– Grundbuchkosten			
– Umschreibungskosten			
– Kaufsteuerkosten			
– Bebaubarkeit			
– Servitute			
– Baugrundverhältnisse			
– Bauprofilverhältnisse			
– Baurechtliche Gegebenheiten			
– Allgemeine Steuerverhältnisse			
– Politische Verhältnisse			
Gesundheitskriterien:			
– Günstige Klimareize			
– Natürliche Umgebung			
– Erdstrahlungsverhalten			
– Grundwasserlage			
– Untergrundstoffqualität			
– Höhenlage			
– Windrichtung			
– Ozongehalt der Luft			
– Orientierungslage			
– Lärmimmissionen			
– Kanalisationsimmissionen			
– Geruchsimmissionen			
– Hochhausimmissionen			
– «Hässlichkeitsimmissionen»			
– Senderimmissionen			
– Hochspannungsimmissionen			
– Radioaktive Immissionen			

Energiekriterien:	Ort 1	Ort 2	Ort 3
– Südlage – Solare Strahlungswerte – Nord-Windschutz – Höhenlage – Luftturbulenzen – Beschattungen – Windeinfluss – Böschungen – Nebelverhältnisse – Regenhäufigkeit – Schneeverhältnisse – Lufttemperaturen			
Total Auswertungspunkte:			

Welches Gewicht man diesen Kriterien beimisst, ist eine Frage der persönlichen Einstellung des Einzelnen und kann von Fall zu Fall variieren. Man sieht jedoch, dass ein Bauland nicht nur die Architektur, sondern auch das Leben der Bewohner im allgemeinen sehr stark im positiven oder negativen Sinne beeinflussen kann. Aus diesem Grunde sollte die Auswahl eines Grundstückes für Wohnzwecke als eine der wichtigsten Planungsentscheidungen beim Hausbau betrachtet werden.

4.2. Die Bauelemente des biologischen Sonnenhauses

Die ganzheitlichen Qualitätsanforderungen

Um die an ein biologisches Sonnenhaus gestellten ganzheitlichen Anforderungen insbesondere bezüglich der Gesundheitsgerechtigkeit und Energiesparsamkeit erfüllen zu können, müssen nicht nur die Baustoffe, sondern auch die davon gebildeten Bauelemente biologisch und energietechnisch optimal konzipiert werden. Die Bauelemente sollten bis ins kleinste Detail, unter Berücksichtigung aller biologischer und energietechnischer Faktoren, konsequent erarbeitet werden.
Alle Teile eines Bauelementes müssen in weitgehender Harmonie zur kosmischen Strahlungsumwelt, zum Menschen und zur Technik stehen. Nur so wird das Ganze auch harmonisch sein können, obwohl manchmal gewisse optimierungsbedingte Kompromisse akzeptiert werden müssen.
Ein biologisches Sonnenhaus beinhaltet ausser den wichtigsten traditionellen Bauelementen wie Wände, Decken, Dach, Fenster usw. auch einige für die natürliche Nutzung der Sonnenenergie spezifisch notwendige Bauteile wie Sonnenkollektoren, Solarwände und Wintergärten. Alle diese Bauelemente zusammen, untereinander harmonisch abgestimmt,

Das organische Bauelementkonzept

ergeben eine fast organisch reagierende Gebäudehülle, deren Funktionstüchtigkeit jedoch weitgehend von den Qualitäten der einzelnen Elementteile abhängig ist.

Tabelle 25

Energiekennzahlen für ein Zweischalen-Backsteinmauerwerk
(Schalen von 18 cm und 4 cm, verputzt)

	Isolation 0 mm	30 mm	40 mm	50 mm	60 mm	80 mm	100 mm
Wärmedurchgangszahl bei k = kcal/m² h °C	1,12	0,65	0,55	0,47	0,42	0,34	0,28
Prozentuale Unterschiede im Wärmedurchgang %	100	58	49	42	38	30	25
Wärmeeinsparung (T_A = –15 °C, T_i = + 20 °C) %	0	42	51	58	62	70	75
Stündlich durchgehende Wärme Q = kcal/m² h	39,20	22,75	19,25	16,45	14,70	11.90	9.80
Brennstoffverbrauch pro m² und pro normale Heizperiode (3800 Gradtage) in kWh/m²	82,5	47,9	40,5	34,6	30,9	25,0	20,6
Oberflächentemperatur an der Innenfläche der Mauer °C +	14,4	16,7	17,3	17,6	17,9	18,3	18,6
Zulässiger Feuchtigkeitsgrad der Innenluft (wenn derselbe grösser ist: sichtbare Kondenswasserbildung) in %	71,7	82,7	85,3	87,2	88,7	90,3	92.2

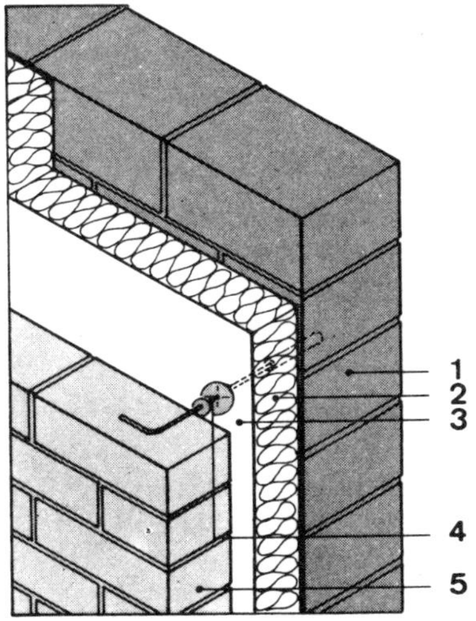

Bild 45
Zweischalige Backsteinmauerwerke können energietechnisch und baubiologisch sehr günstig sein
1 Innenschale
2 Atmungsfähige Isolierung
3 Luftschicht
4 Maueranker
5 Aussenschale

4.2.1. Die Wandkonstruktionen

Die Wände eines biologischen Sonnenhauses müssen gesundheitlich, energietechnisch und wirtschaftlich optimiert werden. Sie dürfen keine «Faraday-Käfig-Effekte» erwirken und sollten regenerativ atmungsfähig sein (Dampfsperren sind unbiologisch!). Durch eine möglichst kleine Wärmeleitfähigkeit sollten sie keinen erhöhten Wärmeentzug durch Abstrahlung des menschlichen Körpers bewirken. Auch die elektrostatische Aufladbarkeit und die Effekte radioaktiver oder giftiger Stoffe müssen vermieden werden. Ausser einem guten isolierungsbestimmenden K-Wert sollte eine Wand auch Wärme oder Kühle speichern können. Alle Aussenwände und insbesondere die im Kellerbereich müssen immer trocken gehalten werden. Nasse Wände verursachen Krankheiten und

Bild 47 ▷
Backsteinhaus in Frankreich mit Sonnenenergienutzung durch Wintergarten und Solarkollektoren (Architekten: Nicolas, Vaye)

vergeuden Energie. Eine angenehme Oberflächenstruktur und harmonisierende Farben sind ebenfalls wichtige Kriterien. Die besten Baustoffe für einen biologischen Wandaufbau sind Holz und Backstein; auch Kalksandstein hat Vorteile. Die Isolierung der Wände sollte mit atmungsfähigen Baustoffen wie Kork, Kokosfasern und magnesitgebundenen Holzwollplatten usw. erfolgen. Die inneren und äusseren Schutzschichten sollten die Wände gegen die verschiedenen Umwelteinflüsse schützen, jedoch ihre Atmungsfähigkeit nicht beeinträchtigen.

Tabelle 26

Isolierungswerte für den baulichen Schallschutz durch Wände und Decken

Bauobjekt	Luftschall-Isolation		Trittschall-Isolation	
	Mindestanforderung dB	empfohlene Anforderung dB	Mindestanforderung dB	empfohlene Anforderung dB
Wohnhaus				
Trennwände zwischen unterschiedlichen Wohnungen, Treppenhauswände, Wohnungstrenndecken u. ä.	50	55	65	55
Trennwände und Decken zwischen Wohnungen	60	65	45	45
Wände bzw. Decken zwischen Reihenhäusern und Eigentumswohnungen	55	60	55	45
Decken zwischen Küchen bzw. Sanitärräumen (Toiletten, Bäder) und fremden Schlaf- und Wohnzimmern	50	60	65	55
Wohnungstüren zu gemeinsamem Treppenhaus	25	30	–	–

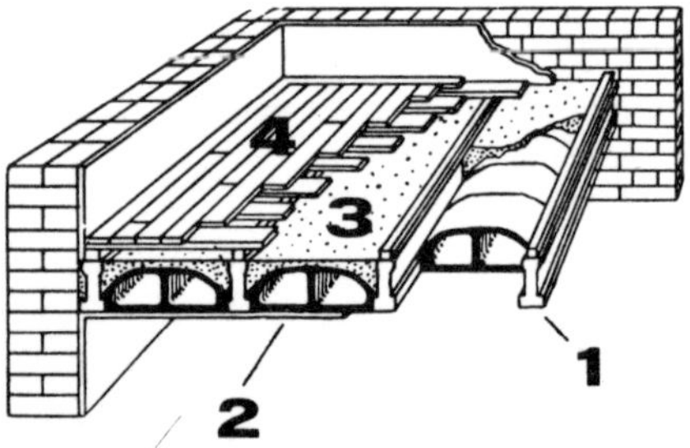

Bild 46
Ton-Hohlkörperdecken können baubiologisch weitgehend optimiert werden
1 Wenig armierte Tragelemente, evtl. auch Holzbalken
2 Tonziegel-Hourdis
3 Biobeton
4 Holzbodenkonstruktion (auch klebbar)

4.2.2. Die Deckenelemente

Decken sind horizontale Raumbegrenzungselemente, die auch einen wesentlichen Einfluss auf Wohnkomfort und Energiehaushalt ausüben. Für ihren Bau sind möglichst pflanzliche (Holz) oder neutrale Baumaterialien (atmungsfähige Hohlkörper und Platten) besonders günstig. Um den «Faraday-Käfig-Effekt» und die Wirkung der sekundären Schauer-

strahlen zu vermeiden, sollte man möglichst wenig Metall einsetzen. Wenn doch Metallträger eingebaut werden müssen, sollte ihre Lage parallel zu den Kraftlinien des erdmagnetischen Feldes verlaufen (Richtung Nord–Süd!). Holzbalkendecken können, um bessere Schallisolierung zu erreichen, mit Ziegelschrot, Kalksplitt, Korkschrot, Kokosfasermatten usw. aufgefüllt werden.
Als Bodenbeläge sind Holz, Kork, Ziegenhaarfliesen, Wollteppiche oder Linoleum die besten. In Nassräumen oder bei Decken, die auch Solareinstrahlungswärme speichern müssen, sind die verschiedenen keramischen Platten sehr wertvoll.

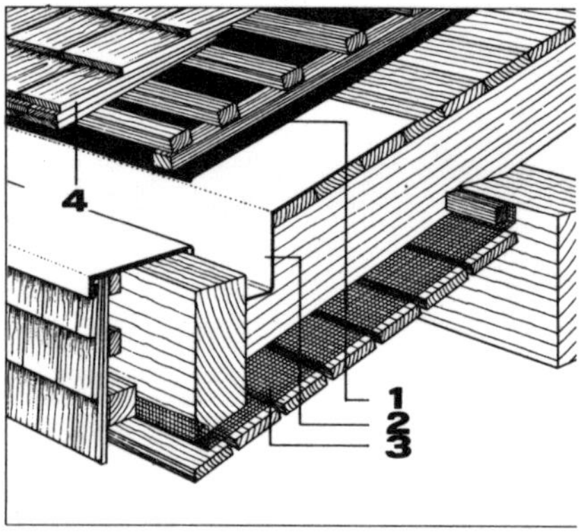

Bild 48
Moderne Schindeldach-Konstruktion mit Überstand
1 Sisalkraftpapier
2 Rinne
3 Netz
4 Schindeln

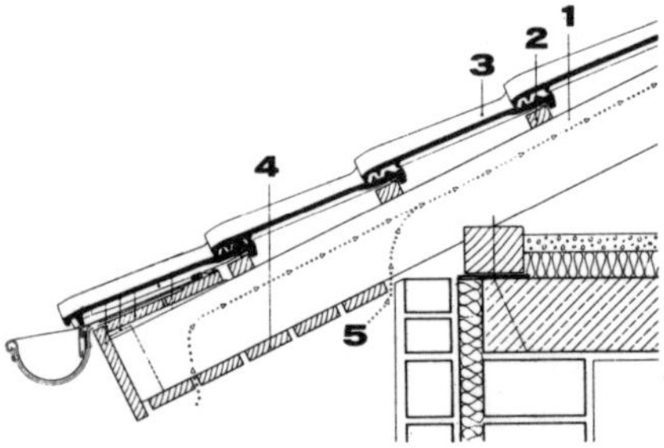

Bild 49
Ziegeldach mit Überstand
1 Sparren
2 Dachlatten
3 Ziegeldeckung
4 Schalung
5 Belüftung

4.2.3. Dachkonstruktionen

Ein schönes Dach wird in der Architekturgeschichte seit jeher als Krone des Hauses betrachtet. In unseren Klimabereichen erfüllen die traditionellen Schrägdächer idealerweise mehrere Schutzfunktionen. In gewissen Fällen kann auch ein gut isolierter und begehbarer Dachgarten interessant sein. Die Dächer, die in gewissem Sinne ein Membran zwischen Himmel und Haus darstellen, dürfen die natürlichen Mikrowellenstrahlungen aus dem Kosmos nicht weitgehend vermindern und auch keinen «Faraday-Käfig-Effekt» oder sekundäre Schauerstrahlen verursachen.
Die Forschungsuntersuchungen von Dr. K. E. Lotz und R. Endrös haben bewiesen, dass das biologische Erfordernis betreffend Mikrowellendurchlässigkeit durch Baustoff und Aufbau bedingt ist. Die publizierten Resultate sind die folgenden:

Tabelle 27

Strahlungsverluste im Mikrowellenbereich verschiedener Dachkonstruktionen

Betondach mit Bitumen gedeckt	89 %	Strahlungsverlust
Betondecke mit PVC-Belag	82 %	Strahlungsverlust
Aluminium-Abdeckung	83 %	Strahlungsverlust
Betonziegel-Abdeckung	77 %	Strahlungsverlust
Asbestzement-Abdeckung	74 %	Strahlungsverlust
Tonziegel-Abdeckung	17 %	Strahlungsverlust
Holzschindel-Abdeckung	ca. 6 %	Strahlungsverlust

Wie wir sehen, stellen Tonziegel und Holz die besten Lösungen dar. Es ist wichtig, für eine gute Durchlüftung des Dachbereiches zu sorgen. Die Probleme betreffend die Ausbildung von bewohnbaren Dachräumen sowie der Einbau von Dachfenstern und Sonnenkollektoren müssen gleichzeitig aus der Sicht von Wohnhygiene und Energieoptimierung gelöst werden.

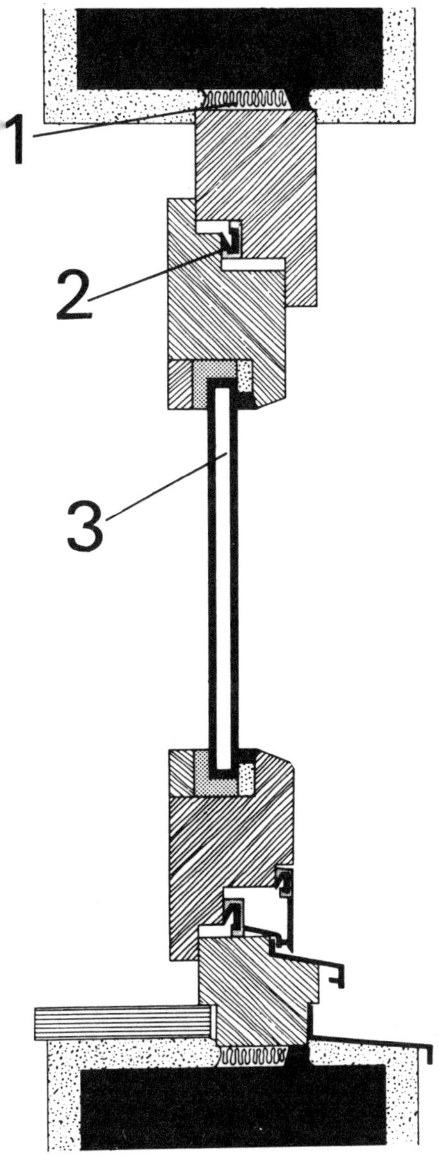

Bild 50
Energiesparmassnahmen
an einem Holzfenster
1 Wärmegedämmte Anschlussfuge
2 Rundumlaufende Falzdichtung
3 Doppelte Isolierverglasung
(auch dreifach oder vierfach möglich)

4.2.4. Das Fenster als Sonnenkollektor

Die Fenster des biologischen Sonnenhauses sollten mehrere Funktionen erfüllen können. Sie müssen nicht nur Licht in den Raum bringen und eine Belüftung ermöglichen, sondern auch die Nutzung der direkten Einstrahlung der Sonne für Heizzwecke erlauben sowie die gesundheitsfördernden UV-Strahlen wirken lassen. Alle diese Anforderungen optimal zu erfüllen ist nicht sehr leicht, weil die meisten bis heute bekannten Fenstertypen vier relativ ungünstige Eigenschaften haben:

- Verlieren viel Wärme in kalten Tageszeiten.
- Überhitzen bei grösserer, direkter Bestrahlung die Räume schnell.
- Erzeugen ungesunde Luftzugerscheinungen, sind jedoch zur regenerativen Atmung nicht fähig.
- Lassen die gesundheitsfördernden UV-Strahlen kaum durch.

Tabelle 28

Solare Globalstrahlung auf vertikale Wand- und Fensterflächen
in Mcal/m², etwa 48 ° N, 400 Meter ü. M.
(nach Plenar)

	Heizperiode 220 Tage	12 Monate
Ostwand	197	585
Westwand	210	607
Nordwand	95	262
Südwand	394	868
Horizontal (Vergleich)	350	1092

Tabelle 29

Lichtdurchlässigkeit und Lichtverlust in Abhängigkeit vom Einfallwinkel des Lichtes durch Glasscheiben

Einfallwinkel in Grad	Durchlässigkeit in Prozent	Lichtverlust in Prozent	Korrekturwert für Scheiben
0	92	8	1,0
30	90	10	1,1
40	89	11	1,15
50	87	13	1,2
60	83	17	1,25
70	73	27	1,3
75	60	40	1,4
> 75	< 60	> 40	1,7

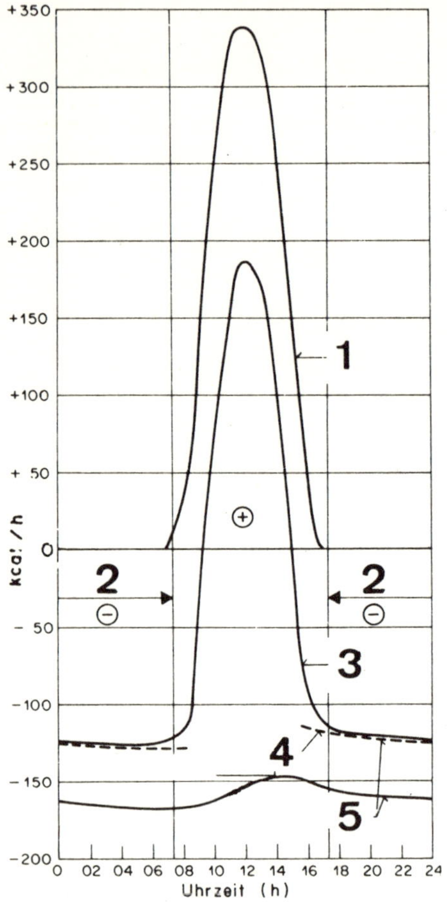

Bild 51
Zwischen 9.30 und 15.00 Uhr bringt ein doppelverglastes Südfenster sogar im Dezember einen Energiegewinn durch Lichteinstrahlung
1 Wärmegewinn
2 Nachtperiode
3 Wärmebilanz
4 geschlossene Läden
5 Wärmeverlust bei offenen Läden (nach Brunner)

Die Anforderungen, die man in der biosolaren Architektur an ein Fenster stellt, sind die folgenden:

- Maximaler Strahlungsgewinn während der Heizperiode.
- Minimale Wärmeverluste in den kalten Jahreszeiten.
- Minimale Einstrahlung während der Sommerperiode.
- Möglichst hohe und gleichmässige Tageslichtgewinnung.
- Kontrollierte Lüftungsmöglichkeit nach Bedarf, möglichst unabhängig von äusseren Luftbewegungen.
- Nutzbarkeit der UV-Strahlen nach Wunsch.
- Vermeidung der elektrostatischen «Dipolmomente» der Rahmen (negative Strahlung).

Tabelle 30

Dicke und Gewicht von Glasscheiben und ihr mittlerer Schallisolierungswert

Glasart	Glasdicke mm	Scheibengewicht kg/m²	Schalldämmmass dB
Fensterglas ED	1,8	4,7	22
Fensterglas MD	2,8	7,3	24
Fensterglas DD	3,8	9,9	26
Dickglas	6,0	15,6	28
Dickglas	9,5	24,7	30
Dickglas	12,0	31,2	33
Dickglas	15,0	39,0	35

Das Biofenster als totaler Sonnenkollektor

Die modernen energietechnischen Forschungen haben bereits praktisch bewiesen, dass bei günstiger Orientierung und optimiertem Fensterschutz die Fenster eindeutig als Sonnenkollektoren fungieren können. Um die natürliche Einstrahlung zu benützen, müssen Wände und Böden der Räume Energie aufnehmen können. Gute Fugenabdichtungen ermöglichen geringe Lüftungsverluste, die Wärmeverluste können durch Mehrfachverglasungen sowie durch aussen angebrachte isolierende Fensterschutzelemente eingeschränkt und reguliert werden. Bei richtiger Orientierung und Konzeption können Fensterelemente, wie Berechnungen zeigen, mit einem Wirkungsgrad von bis zu 70 % arbeiten (normale Sonnenkollektoren leisten etwa 30 bis 40 %), wodurch mittels einfachen architektonischen Massnahmen Sonnenenergie sehr preiswert genutzt werden kann. Blumenfenster stellen durch ihre Mehrfachverglasung auch einen besonders wertvollen Sonnenkollektor dar und wirken nicht nur wärmetechnisch, sondern auch ästhetisch sehr positiv. Was die gesundheitstechnischen Aspekte anbetrifft, werden heute bereits UV-durchlässige (bis zu 70–80 %) Bio-Fenstergläser aus Quarzglas, aus Acrylglas

Bild 52
Modernes amerikanisches
Holzbausystem (Dok. Cherner)

Bild 53
Holzbodenkonstruktion
für Einfamilienhäuser (Dok. Steiger)

Bild 54
Normiertes Holzwandsystem
(Dok. Furrer)

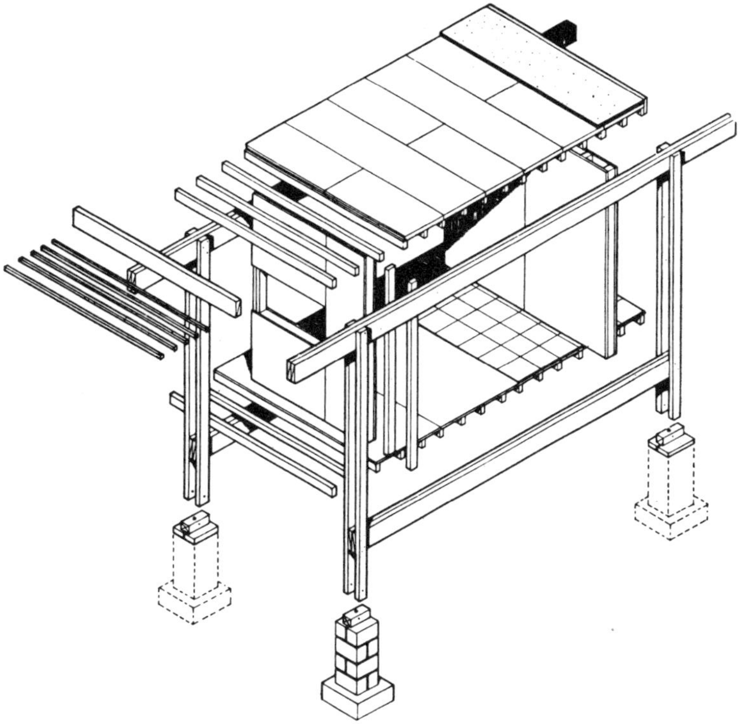

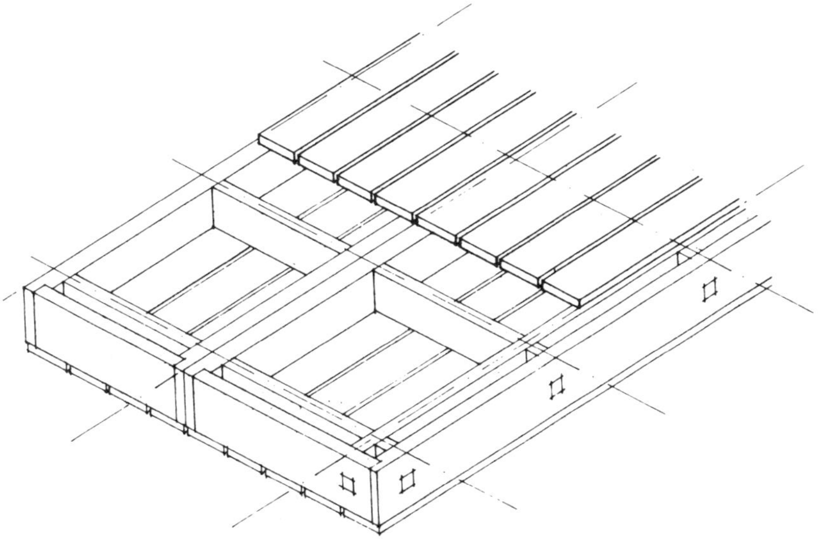

oder aus einfachem Floatglas angeboten. Um die Beeinträchtigung möblierter Räume durch UV-Strahlen zu vermeiden, können mehrfachverglaste Fensterkonstruktionen mit Bio- und Normalglas kombiniert werden. In diesem Fall kann man die Fenster wahlweise zum Sonnenbaden benützen, ohne dass in anderen Tagesstunden Möbel und Teppiche gebleicht werden.

Tabelle 31

Wärmebilanz verschiedener Fensterkonstruktionen in unterschiedlichen Orientierungen während einer Heizperiode, in Mcal

12 °C Heizgrenze, 3660 Gradtage und 70 % Globalstrahlungsnutzung (nach Brunner)

	Orientierung			
	Süd	Ost	West	Nord
Holzrahmen 130/183 doppelt verglastes Fenster				
ohne Fugendichtung	– 361	– 692	– 671	– 864
mit Fugendichtung	– 51	– 381	– 360	– 553
Isolierglasfenster				
ohne Fugendichtung	– 404	– 734	– 713	– 906
mit Fugendichtung	– 93	– 424	– 402	– 595
dreifach verglastes Fenster mit Fugendichtung	+ 75	– 255	– 234	– 427

Tabelle 32

Ölbedarf einer Wohnung mit 100 m² Bruttofläche bei verschiedenen Fensterverhältnissen

Klimalage 48 ° N, ca. 400 Meter ü. M., Wirkungsgrad der Heizung 60 %

	K-Wert von Boden, Wand, Decke				
Kcal/m² · h · °C W/m² · K	0,20 0,23	0,40 0,46	0,60 0,70	0,80 0,93	1,00 1,16
Fensterfläche/Fassadenfläche 0 %	550	1090	1642	2190	2760
15 %	**930**	**1430**	**1900**	**2380**	**2890**
30 %	1390	1820	2260	2690	3130
45 %	1890	2260	2630	3000	3370
60 %	2375	2700	3020	3350	3670
75 %	2840	3110	3390	3660	3940
100 %	3630	3840	4050	4260	4460

Bild 55 (oben links)
Dreifachverglaste Fenster mit hohen Wärme- und Schallisolierungswerten
1 Luftraum
2 Glasscheiben
3 Fensterkitt
4 Holzrahmen
5 Dichtung
6 Isolierung
7 Wandkonstruktion
(Dok. Köppel)

Bild 56 (oben rechts)
Eingeblasene Isolierstoffkügelchen ermöglichen bei einem Glasabstand von 8 cm einen K-Wert von 0,3 für die Nachtperiode
(Dok. Zomeworks)

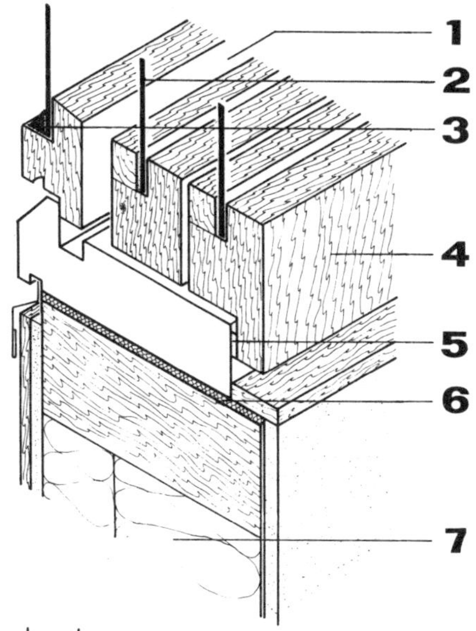

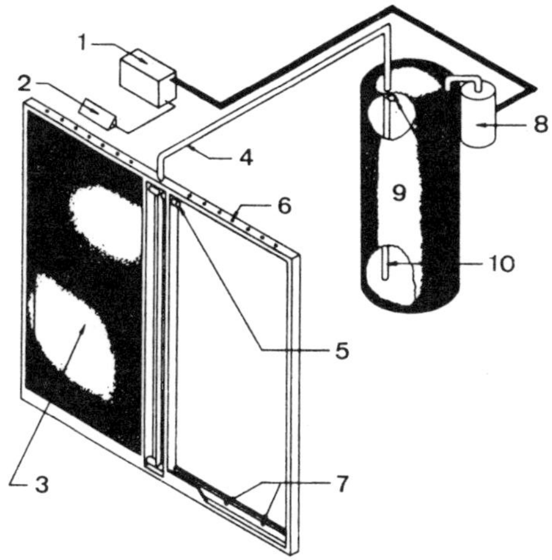

Bild 57/58 (unten links)
Moderne temporäre Wärmeschutzsysteme am Fenster (Dok. Nikolic)

Bild 59 (unten rechts)
Die Erwärmung oder Abkühlung des mit Freon-Gas gefüllten Fensterschutzelementes erwirkt durch natürliche thermodynamische Effekte die automatische Schliessung des Fensterschutzes ohne jegliche Fremdenergie (Dok. Zomeworks)

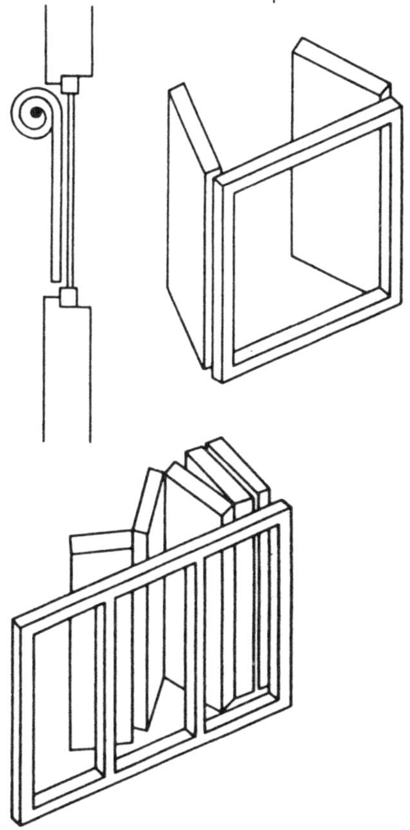

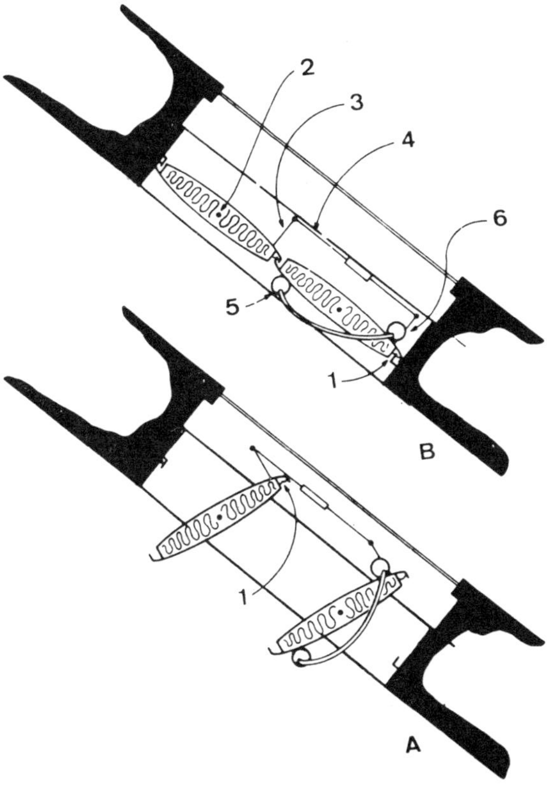

Bild 60
Sonnenkollektor
als Dachziegel ausgebildet
(Dok. Fröling)

Bild 61
Sonnenkollektor als Balkonbrüstung
(Dok. Brötje)

4.2.5. Der Sonnenkollektor als Bauelement

Die Sonnenkollektoren sind relativ neue und wichtige Hilfselemente der Architektur. Sie haben die Aufgabe, die Sonnenstrahlung mit möglichst gutem Wirkungsgrad einzufangen. Man unterscheidet zwischen verschiedenen Typen, je nach Oberflächenform, Absorptionsflächenbeschaffung und Sammelmedium.

Es gibt einerseits flache Kollektoren, die unkonzentriertes, direktes oder auch diffuses Sonnenlicht einfangen, und anderseits Sonnenkollektoren mit gekrümmten Oberflächen, die durch Konzentration nur die direkte Sonnenstrahlung in Wärme umwandeln (heliothermische Flach- und konzentrierende Kollektoren). Die Solarzellen, die die Sonnenstrahlung nicht in Wärme, sondern direkt in elektrischen Strom umwandeln, können auch als Sonnenkollektoren betrachtet werden (heliovoltäische Kollektoren). Die heliothermischen Flachkollektoren werden vorwiegend als Wasserkollektoren oder als Luftkollektoren, je nach Art des Wärmetransportmediums, hergestellt. Konzentrierende Kollektoren arbeiten meistens mit Flüssigkeitswärmung. Ein Sonnenkollektor erhält die maximale Strahlungsmenge, wenn er vertikal zur Strahlungsrichtung steht. Der Einstrahlungswinkel der Sonne ist den täglichen und saisonalen Änderungen unterworfen. Weil man Flachkollektoren meistens ohne Nachführungssysteme baut, sucht man immer den optimalen fixen Einstellungswinkel. Da die Sonne in den Sommermonaten höher steht als im Winter sind die Probleme verschieden, je nachdem, ob die Kollektoren nur im Sommer oder ganzjährig gebraucht werden.

Die Sonnenkollektoren sollten technisch und ästhetisch befriedigend ins Gebäude oder in die Umgebung integriert werden. Je nach Anwendungszweck können Kollektoren auch vertikal oder horizontal orientiert werden. Vertikale Kollektorflächen erhalten in den Wintermonaten mehr Sonnenstrahlung. Der Wirkungsgradverlust im Sommer ist nicht so wichtig, da man sowieso oft Energieüberschuss hat. Kollektoren, die man hauptsächlich im Sommer benützt, kann man auch horizontal einbauen, obschon die Wirkungsgradverluste in der Zwischensaison relativ hoch werden. Flach aufgestellte Kollektoren verschmutzen aber auch schneller und werden vom Regen weniger gut abgewaschen. Die Sonnenkollektoren können in das Gebäude integriert, aufgesetzt oder separat aufgestellt werden. Die erste Möglichkeit ist immer günstiger, da die Kollektoren durch gute K-Werte eine zusätzliche Isolation für das Haus ergeben und man dadurch Kosten bei anderen Baumaterialien sparen kann.

Die günstigste Orientierung für Sonnenkollektoren ist die Südlage. Mit gewissen Verlusten kann man diese aber auch in Richtung Südost oder Südwest orientieren; da erfahrungsgemäss Nachmittagsnebel seltener sind, ist die Richtung Südwest zu bevorzugen. Hauptsächlich bei bestehenden Bauten, die manchmal ungünstig orientiert sind, muss der Architekt sehr ideenreich sein, um die Kollektoren optimal aufstellen zu kön-

Die Grundvariante der natürlichen «passiven» Solar-Raumheizungssysteme

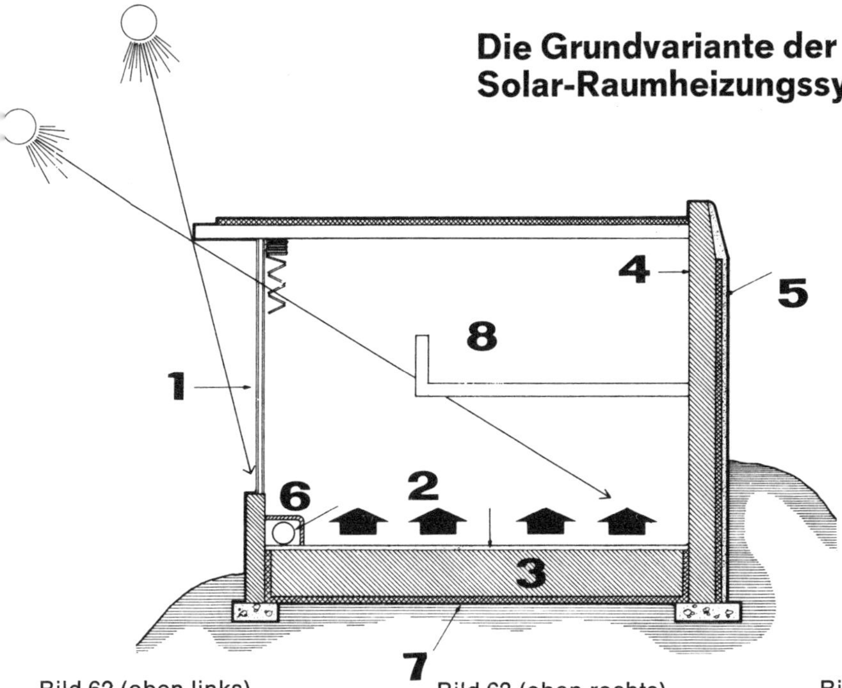

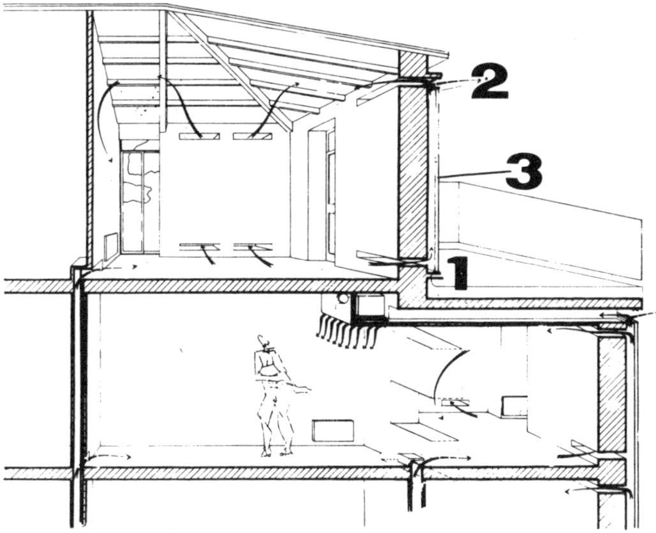

Bild 62 (oben links)
Energiegewinnung durch direkte Fenstereinstrahlung
1 Fensterscheiben
2 Wärmeaufnahme und -abgabe
3 Thermische Bodenmasse
4 Thermische Wandmasse
5 Isolierung und Schutzschicht
6 Speicherbehälter
7 Isolierung
(Dok. Wright)

Bild 63 (oben rechts)
Energiegewinnung durch Solarwände
1 Kaltluft-Eintritt
2 Warmluft-Austritt
3 Solarwand mit Speichermasse und Verglasung
(Dok. Michel)

Bild 64 (unten links)
Energiegewinnung durch Treibhaussystem
1 Treibhaus
2 Ventilation
3 Erdisolierung
4 Wärmespeicher
5 Biogasanlage
(Dok. Holloway-Kelley)

Bild 65 (unten rechts)
Energiegewinnung durch Hybrid-Systeme
1 Treibhaus
2 Fenster oder Sonnenkollektor
3 Speichermasse
(Dok. Franta)

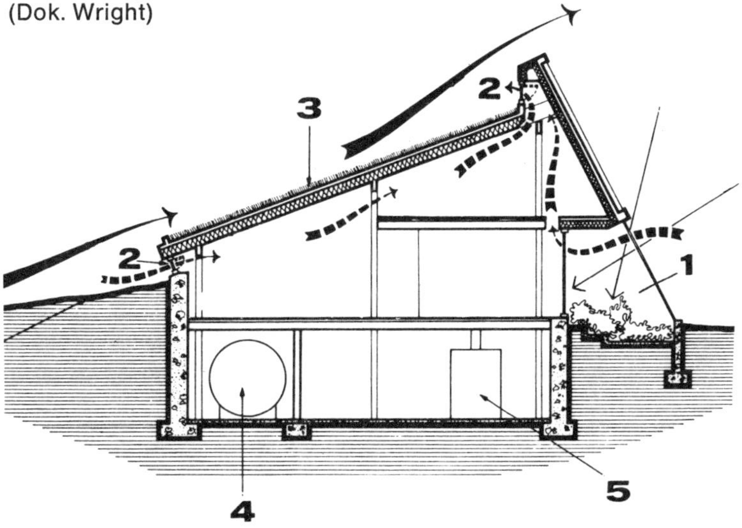

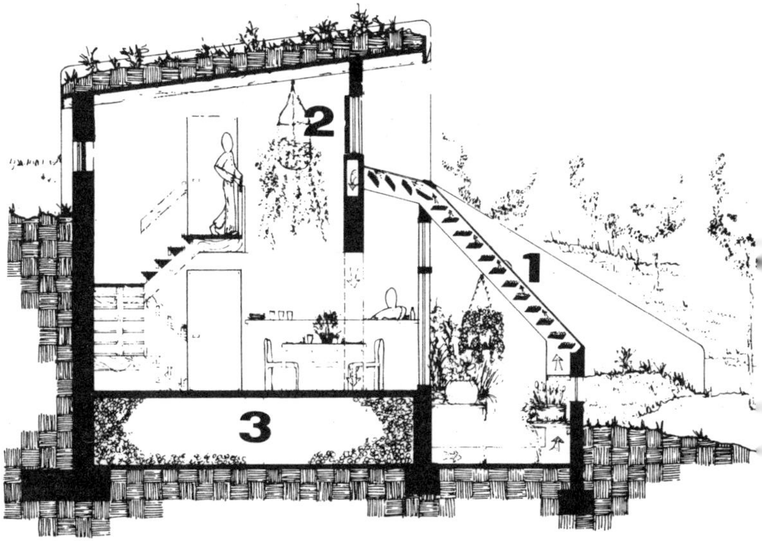

nen. Die Integration der Sonnenkollektoren in die Gebäude ist von der baulichen und solartechnischen Konzeption der Anlage abhängig.
Die baubiologischen Effekte der Sonnenkollektoren wurden noch wenig untersucht. Die Erfahrungen zeigen aber doch, dass die Möglichkeiten für eine gesundheitstechnisch verantwortbare Nutzung der Sonnenkollektoren bei vernünftigem Baukonzept eindeutig gegeben sind.
In meinen beiden Büchern «HAUS UND SONNENKRAFT» und «WIE KANN ICH MIT SONNENENERGIE HEIZEN?» habe ich die gestalterischen, technischen und wirtschaftlichen Probleme der verschiedenen Sonnenkollektortypen sehr detailliert analysiert.
Die Sonnenkollektoren, die einen wertvollen Beitrag für die umweltgerechte Lösung unserer Energieprobleme leisten können, müssen jedoch neben den energietechnischen Kriterien auch aus der Sicht der Baubiologie stets untersucht werden.

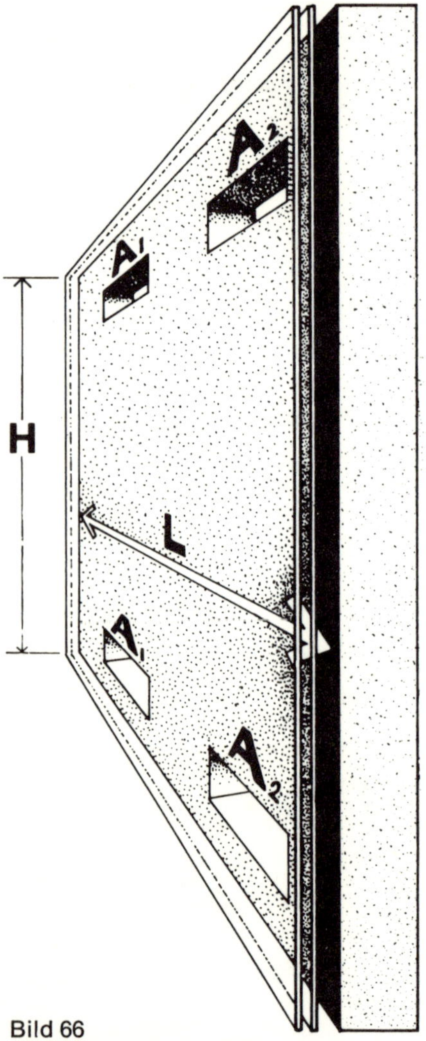

Bild 66
Solarwand aus Backstein mit Doppelverglasung und Luftführungslöchern

4.2.6. Die Solarwände

Solarwände sind vertikale oder leicht geneigte Baukonstruktionen, die gleichzeitig als Aussenwand und als Sonnenkollektor dienen. Sie sind aus der Volksarchitektur vieler Völker seit Urzeiten bekannt. So sind die Wandkonstruktionen in den warmen Wüstengegenden oft so ausgeführt, dass sie tagsüber die eingestrahlte Wärme aufnehmen und erst nachts abgeben, wenn Heizung notwendig ist. Diese genau berechneten Wände dienen gleichzeitig als Sonnenkollektor und Wärmespeicher und sorgen einfacher und auf natürliche Weise für eine optimale Phasenverschiebung der thermischen Effekte. Mit Hilfe gewichtiger Solarwände kann man eine natürliche Klimatisierung der Innenräume erzielen, die dadurch auch bei grössten Aussentemperaturschwankungen eine fast gleichmässige, komfortable Innentemperatur aufweisen.
Im modernen Sonnenhausbau wurde diese Idee in verschiedenen Variationen bereits oft angewendet, so auch von Trombe und Michel. Baer benützte statt einer steinernen Speichermasse eine Wandkonstruktion, in welche grosse wassergefüllte Behälter eingebaut wurden. Diese dienten als direkte Solarwärmespeicher, und deren Reservoirwände wirkten als Sonnenkollektorflächen. Bei einer solchen Lösung sollte man auch den baubiologischen Effekt nicht ausser acht lassen. Es gibt auch Solarwände ohne wesentliche Speicherungsfähigkeit, wobei ganze Wandelemente oder Fensterbrüstungen als Wärmeaufnahmeflächen für die Nutzung der direkten Solareinstrahlung dienen können. Die relative Einfachheit der richtig konzipierten Solarwände kann interessante Energieeinsparungen ermöglichen.

Thermische Bilanz verschiedener Solar-Südwandkonstruktionen
(nach Chareyre)

T_{AO} = Äussere Oberflächentemperatur der Wand (°C)
Q_S = Solare Einstrahlung (W/m²)
Q_A = Absorbierte Wärmeenergie (W/m²)
Q_I = Raumintern abgegebene Wärme (W/m²)
W = Wirkungsgrad der Südwand (%)

Tabelle 33
Südmauer 40 cm dick (λ = 1,5 W/m °C)

T_{AO}	Q_S	Q_A	Q_I	W
60	750	676	105	14
50	595	530	78	13,2
40	445	401	51	11,4
30	300	272,5	25	8,4
25	240	216	12	5,0
20	172	155	0	0

Tabelle 34
Einfach verglaste Südwand, 40 cm dick, ohne Luftführung
Luftschicht 10 cm

T_{AO}	Q_S	Q_A	Q_I	W
60	540	405	105	19,5
50	440	328	78	17,8
40	335	251	51	15,2
30	234	175	25	10,7
25	183	137	12	6,6
20	134	100	0	0

Tabelle 35
Einfach verglaste Südwand, 40 cm dick,
mit natürlicher Luftführung nach innen Luftschicht 10 cm

T_{AO}	Q_S	Q_A	Q_I	W
60	630	470	170	27
50	500	374	124,5	25
40	370	278	78,5	21
30	248	186	36,2	14,6
25	183	137	17	9,3
20	134	100	0	0

Tabelle 36

Doppelt verglaste Südwand, 40 cm dick, mit natürlicher Luftführung nach innen

Luftschicht 10 cm

T_{AO}	Q_S	Q_A	Q_I	W
60	535	362	170	32
50	420	284	124,5	29,5
40	300	203	78,5	26
30	195	132	36,2	18,5
25	144	97	17,0	11,8
20	95	64	0	0

Tabelle 37

Südwand, 40 cm dick, mit selektivem Luftkollektor

mechanisch gelüftet

T_{AO}	Q_S	Q_A	Q_I	W
60	1590	1152	1070	67
50	1200	876	808	67
40	800	583	526	66
30	427	312	267	63
25	210	154	115	55
20	45,5	33,3	0	0

Bild 67
Energiesparende verglaste Loggias sind seit Jahrhunderten bekannt und beliebt

4.2.7. Der Wintergarten als Energiesparelement

Die interessante Eigenschaft, dass Glasflächen die kurzwelligen Lichtstrahlen weitgehend durchlassen (0,25–2,5 μ), jedoch gegenüber langwelligen Wärmestrahlungen im Infrarotbereich (4–70 μ) isolierend wirken, ist seit langem bekannt. Die Wirkung, wenn man eine geschlossene Luftschicht hinter einer Glasscheibe stark erwärmt, wird als «Treibhauseffekt» bezeichnet. Sie ermöglicht uns mit Hilfe einfacher baulicher Massnahmen Lichtenergie für Raumheizungszwecke wärmetechnisch auszunützen. Die meisten thermischen Flachkollektoren arbeiten nach dem Treibhausprinzip, wobei hinter der Glasscheibe und zwischen einer Absorberfläche eine relativ schmale Luftschicht vorgesehen wird. Wenn wir diesen Luftraum jedoch vergrössern, können wir davon zuerst ein Blumenfenster oder, sofern die Distanzen mehr als einen Meter betragen, auch einen Wintergarten bilden. Der Wintergarten ist im Prinzip ein bewohnbarer Sonnenkollektor. Die Architekturgeschichte kennt eine sehr

Bild 68 (links)
Wintergarten für Aufenthalt und Bepflanzung
1 Glasscheibe
2 Naturboden
3 Klinkerboden
4 Solarwand
5 Fenster
6 Fensterschutz
7 Äusserer Wärmeschutz
(Dok. Sabady)

Bild 69 (rechts)
Detailkonstruktion für einen kleinen Wintergarten (Dok. Östreicher)

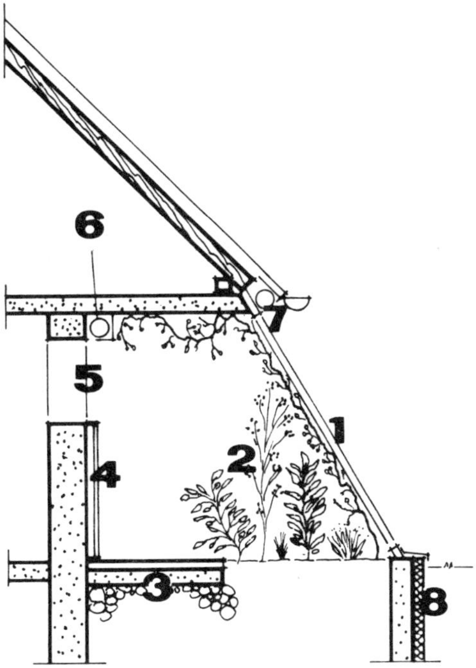

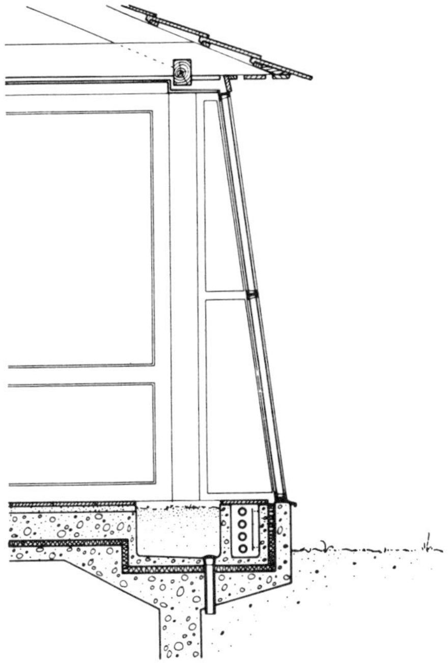

Bild 70 (links)
Thermisch wirkende Blumenfenster auf der Südfassade (Dok. Dijkstra)

Bild 71 (rechts)
Konstruktionsdetail für ein Solar-Blumenfenster (Dok. Hampke)

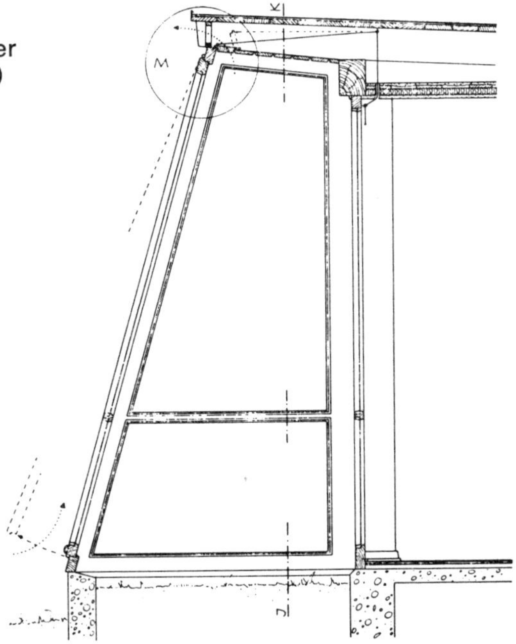

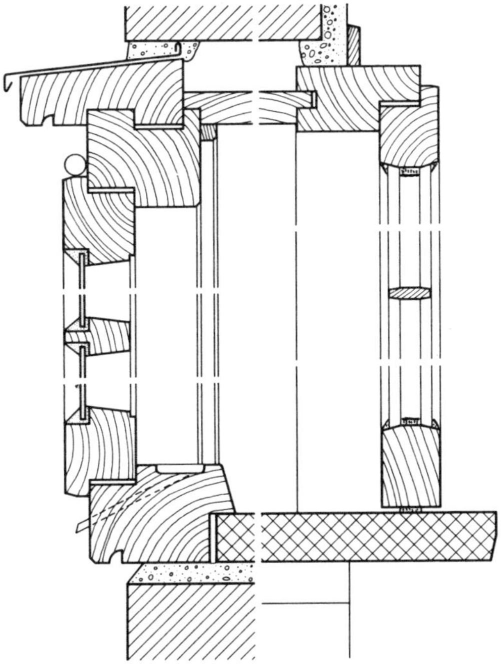

Bild 72
«Passives» amerikanisches Sonnenhaus mit Wintergarten (Dok. Hopmann)

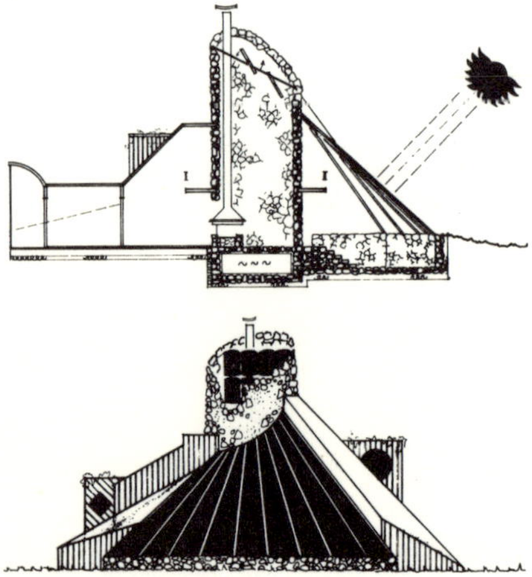

Bild 73
Modernes Wintergartenkonzept für ein Sonnenhaus (Dok. Jilkova-Scaler)

weitgehende Nutzung der Wintergärten, die nicht nur ein Bauelement der Energieeinsparung, sondern stets auch einen höchst kultivierten Lebensraum darstellen. Heute werden diese Werte endlich wieder erkannt – wir erleben eine echte Renaissance der Wintergärten.
Die zahlenmässige Erfassung der bauphysikalischen Phänomene, welche sich in einem Wintergarten abspielen, ist nicht sehr einfach. So kann man erklären, warum viele «Treibhaus»-Bauten früherer Epochen energietechnisch betrachtet nie eine optimale Lösung darstellten. Besonders das Problem der Überhitzung konnte kaum befriedigend gelöst werden. Auch unsere unvernünftigen Glasklötze können wärmetechnisch als schlecht funktionierende Treibhäuser betrachtet werden. Das thermische Verhalten der neuen, energietechnisch und gesundheitlich verantwortbaren Wintergärten wird durch zahlreiche praktische Messungen und mit Hilfe von Computersimulationen untersucht.

Die wichtigsten Energie- und Wohnkomfortprobleme, die der Planer bei seinem Baukonzept lösen muss, sind die folgenden:

- Günstige Orientierung ist für eine optimierte Energieaufnahme vorzusehen.
- Mit Hilfe baulicher und installationstechnischer Massnahmen müssen die aufgefangenen Energien gespeichert werden können.
- Man muss dafür sorgen, dass die gespeicherte Wärme je nach Bedarf wieder verteilt und eingesetzt werden kann.
- Schutzelemente sollten einerseits die nächtliche Abstrahlung gegen den Himmel verhindern und anderseits die Überhitzung, wenn aus irgendeinem Grund die Abführung der Wärme nicht möglich ist.
- Eine möglichst natürliche Ventilation muss vorgesehen werden.
- Wintergärten sind im Prinzip thermische Pufferzonen, die keine hohen Temperaturen benötigen. Aus diesem Grunde könnte eine eventuell eingeschaltete Wärmepumpe mit einem besonders hohen Wirkungsgrad arbeiten.
- Die thermischen Verluste durch Konduktion, Konvektion, Abstrahlung und Ventilation müssen mit dem Energiegewinn durch solare Einstrahlung eine für jede Jahreszeit komfortable Energiebilanz ermöglichen.
- Da in den Monaten Mai, Juni, Juli, August und September geschlossene Wintergärten tagsüber kaum komfortabel sind, müssen Möglichkeiten für eine grossflächige Öffnung oder einfaches Abmontieren vorgesehen werden. (Der Wintergarten wird zu einem durch ein Dach geschützten offenen Garten.) In diesen Sommermonaten kann ein Wintergarten in seiner geschlossenen Form frühmorgens oder am späten Abend sowie bei Schlechtwetterperioden auch benützt werden. Die praktischen Erfahrungen zeigen, dass in unseren Klimabereichen ein Wintergarten in den Monaten April und Oktober jeden Tag von morgens bis abends benützbar ist, in den Monaten Februar, März und November durch-

Bild 74
Sonnenhaus mit weitgehend natürlicher Sonnenenergienutzung
1 Sonnenkollektoren
2 Treibhaus
3 Wohntrakt
4 Fischkulturen
5 Steinspeicher
(Dok. New-Alchemy-Inst.)

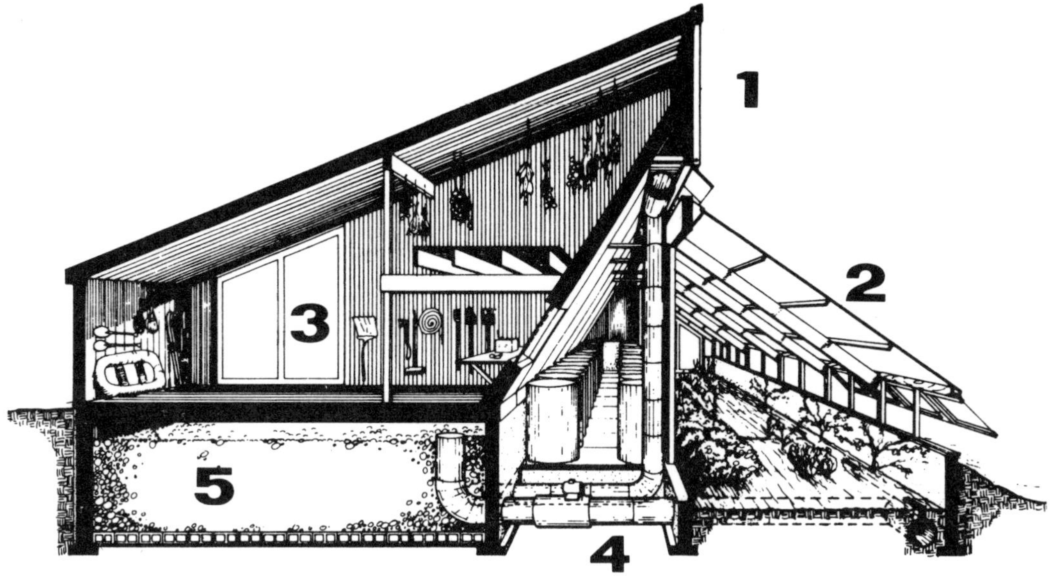

Bild 75
Natürliche Solar-Raumheizung durch Wintergarten
1 Treibhausverglasung
2 Wasserbecken
3 Steinspeicher
4 Belüftung
(Dok. Butler)

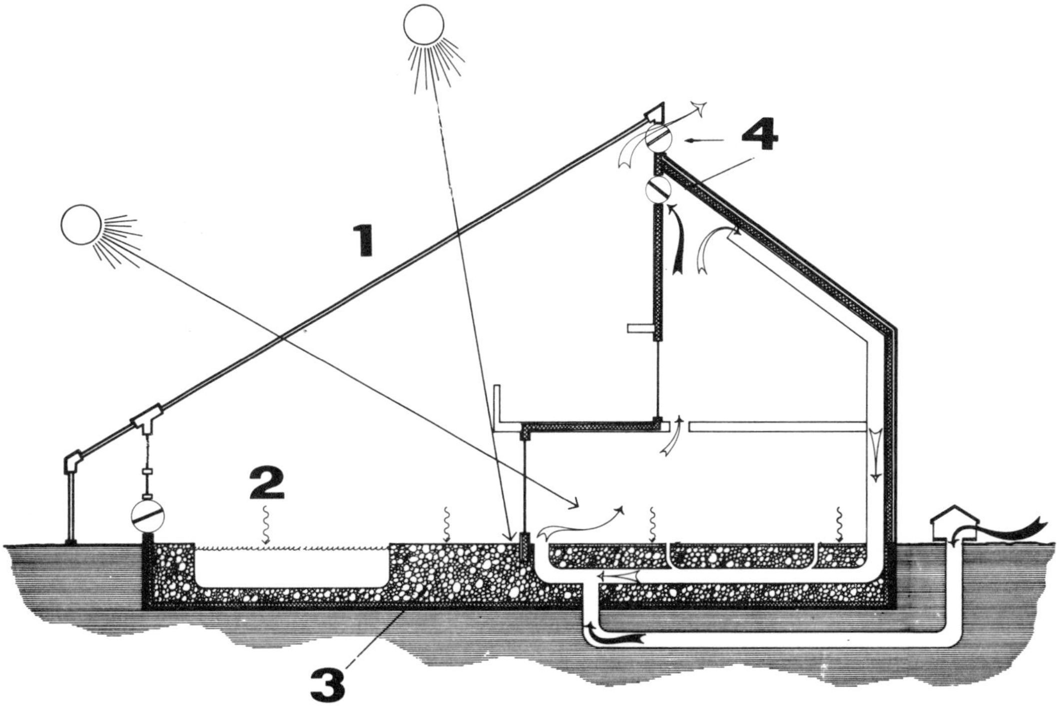

schnittlich 7–8 Stunden pro Tag und im Dezember und Januar jeden dritten Tag während je etwa 5 Stunden.

Bild 76
Ein Wintergarten erlaubt die Schaffung von natürlichen und kultivierten Innenräumen

Die Messungen und Berechnungen, welche in Frankreich durchgeführt wurden, zeigen, dass ein Wintergarten mit einem Volumen von 100 m³ für einen Wohnraum von gleichem Bauvolumen (z. B. Salon mit Essecke) eine durchschnittliche Jahresenergieeinsparung von etwa 17 % erlaubt. Je tiefer die Aussentemperaturen sinken, desto grösser ist der thermische Wirkungsgrad der Wintergärten, die in den Monaten Januar und Februar eine Energieeinsparung von etwa 25 % ermöglichen können. Der Energiegewinn kann noch erhöht werden, wenn die Wände zwischen Wohnraum und Wintergarten als Solarwände konzipiert werden, wobei die Speicherung und Verteilung der Wärme möglichst einfach und auf natürliche Weise erfolgen soll. Ein Wintergarten sollte die Atmungsfähigkeit der den Wohnraum umschliessenden Bauelemente nicht beeinträchtigen. Die Struktur des Wintergartens sollte möglichst in Holz ausgeführt werden, da dieser Baustoff eine günstige, kleine Wärmeleitfähigkeit hat, kaum Kondenswasserbildung ermöglicht und bei richtiger Behandlung einen wesentlich besseren Feuerwiderstand hat als eine Konstruktion aus Metall. Holz ist natürlich auch baubiologisch günstiger und kostet weniger als eine Metallstruktur. Als Verglasung können normale Glasscheiben oder biologisch verantwortbare Kunststoffe zum Einsatz kommen. Polyester sind jedoch sehr ungünstig (Vergilbung, kurze Lebensdauer); Polycarbonate sind besser, aber ziemlich teuer und haben einen schlechten Widerstand gegenüber soda-, ammoniak- und azetonhaltigen Putzmitteln sowie gegen verschmutzte Luft. Als Glasscheibe können Einfachglas, Drahtglas und verschiedene Spezialgläser zur Anwendung kommen.
Beim Einsatz von für UV-Strahlen durchlässigem Bioglas wird der Wintergarten in ein echtes Solarium umgewandelt.

Bild 77
Lebendige Pflanzen können durch ihre Formen manchmal architektonisch nutzbare Biostrukturen bestimmen
(Dok. Hubeli)

4.3. Das Formkonzept und die Raumordnung des biologischen Sonnenhauses

«In den Formen lebt der Geist», schrieb Carl Huter und hat damit auf das wesentlichste Element der Baukunst hingewiesen. Nur harmonische Formen können eine Architektur ermöglichen, welche durch oft unerklärbare Wirkungen positive oder negative Einflüsse auf die Menschen ausüben. Moderne Forschungsmethoden haben bereits ermöglicht, einen Teil der durch die geometrische Form bedingten Effekte experimentell zu erfassen. Auch die bauphysikalischen Untersuchungen haben gezeigt, dass Formen und Raumordnungen sehr wesentlich den Energieverbrauch und Klimakomfort eines architektonischen Raumes beeinflussen können. Der «moderne» Kubusklotz-Baustil der vergangenen Jahrzehnte hat

«Kubus-Uniform» der Pseudo-Intellektuellen

durch seine Geistlosigkeit die Tatsache des gegenseitigen Wirkungseffektes zwischen Form, Energie und Wohnkomfort vollkommen ausser acht gelassen. So konnten in aller Welt weitgehend uniforme Bauten entstehen, die im kalten Grönland wie in den heissen Tropen meistens genau gleich sind. Die in der Folge dieser pseudointellektuellen, unnatürlichen und antiarchitektonischen Einstellung der Promoteure entstandenen Schäden im Bereich der Gesundheit, Umwelt, Energie und Volkswirtschaft sind enorm. Eine der grossen Bauaufgaben der nächsten Jahrzehnte wird die formale und bautechnische Sanierung der Kubusklotz-Architektur sein.

4.3.1. Form und Lebensenergie

Ist es ein Zufall, dass in früheren Zivilisationen der Chefarchitekt neben dem König der wichtigste Mann im Staate war? Ganz bestimmt nicht! So wissen wir aus der Geschichte, dass Imhotep, Planer der Nekropole von Sakkara (Stufenpyramide), neben seinem Wirken als Architekt auch als religiöser Führer und als Mediziner tätig war. Man wusste damals einfach, dass Grundrissformen, räumliche Volumen und Proportionen eine nicht zu unterschätzende Wirkung auf Körper, Geist und Seele ausüben können. Der Architekt, der die Wissenschaft der Zahlen und die Formen beherrschte, hatte durch seine Bauwerke einen wesentlichen Einfluss auf das seelische und körperliche Leben seiner Mitbürger ausgeübt. Man wusste Bescheid über die Wirksamkeit der Formen und Zahlen, und die natürliche Harmonie der Proportionen war das oberste Gebot für jegliches architektonisches Schaffen. Architektur war noch keine Bautechnik, sondern eine Baukultur. Kultivierte, naturgerechte Formen, Stoffe und Farben bestimmten harmonische architektonische Räume. Während Jahrtausenden blieben die uralten Kenntnisse über die kosmische Harmonie der Formen und Proportionen lebendig erhalten. Man baute Formen, um Lebensenergien zu steuern. Bezeichnend für ihre Bedeutung ist zum Beispiel die Tatsache, dass beim Bau des Mailänder Domes die Architekten zwölf Jahre lang darüber debattierten, ob nach quadratischen oder Dreieckproportionen geplant werden soll. Die «göttliche Proportion», der sogenannte «Goldene Schnitt», welche wir überall in der Natur wiederfinden können, ist seit Jahrtausenden bekannt und wurde in fast allen grösseren Bauwerken der Geschichte, abgesehen von unserer modernen Antiarchitektur, weitgehend berücksichtigt. Aber die Wirkung der Zahlen, Formen und Proportionen wurde nicht nur beim Bau repräsentativer Werke in Betracht gezogen, sondern auch bei der Planung von Wohnhäusern. Für die Bestimmung harmonischer Giebelformen erachtete man die Dreiteilungswinkel des Kreises, also 120 °, 60 ° und 30 °, als besonders günstig. Flache, rechteckige und kubische Formen galten seit jeher als unnatürlich und disharmonisch wirkend. Sie fanden verbreitete

Bild 78
«Goldene-Schnitt»-Proportionen ergeben auch in der Pflanzenwelt harmonische Formen
(Dok. Neufert)

Bild 80 ▷
Sonnenhaus mit direkter Energiegewinnung durch Südfenster und durch Solarwand (Architekt: J. Lambeth)

Die Wirkungseffekte der Formen

Anwendung nur in warmen Klimabereichen, wo die Dächer fast das ganze Jahr durch für Wohnzwecke, als Terrasse oder als Dachgarten benützt werden. In unseren Klimabereichen ist die naturwidrige Kubusform eine unnötige, von «normalen» Menschen unbeliebte und sich bautechnisch meistens sehr nachteilig auswirkende Formgestaltung.
Die psychologischen und physiologischen Formwirkungen im Bereich des Wohnens werden neuerdings mit elektromagnetischen Feldtheorien erklärt. Besonders die Effekte der Pyramidformen wurden weitgehend untersucht, wobei überraschende Phänomene festgestellt wurden. Warum die moderne Architektur mit ihren unnatürlichen und brutalen kubischen Formen von den Bürgern nie wirklich akzeptiert wurde, wird vielleicht ihre Erklärung in einer gründlichen und systematischen wissenschaftlichen Erforschung der Formeffekte finden. Eine allgemein gültige und mit Zahlen belegbare Theorie würde uns ermöglichen, relativ schnell einen Weg zu einer gesünderen und besseren Architektur zu finden. Da jedoch Qualitäten nicht so einfach messbar sind wie Quantitäten, werden wir uns für die Bestimmung von Bauformen vielleicht noch lange auf unsere Gefühle verlassen müssen. Es ist vielleicht auch besser so, weil dadurch die Architektur weiterhin eine Kunst bleiben oder wieder eine werden wird.

4.3.2. Form und Wärmeenergie

Da die Wärmeenergie eine spezifische Form der kosmischen Lebensenergien darstellt, ist es logisch, dass man durch formale Massnahmen den Fluss dieser Energien im Bau sehr weitgehend steuern soll.
Weil Wärmeenergie im Gegensatz zu den Lebensenergien relativ einfach quantifizierbar ist, sind die Resultate der Vorkehrungen problemlos und direkter erfassbar. Der Energieverbrauch eines biologisch konzipierten Sonnenhauses kann durch die folgenden formbedingten Massnahmen eingeschränkt werden.

4.3.2.1. Die thermische Zonenplanung

Weil die verschiedenen Räume eines Gebäudes meistens verschiedene Funktionen aufweisen, benötigen sie nicht die gleichen Temperaturen. Gleichzeitig stehen in gewissen Räumen verschiedene Abwärmequellen zur Verfügung, die oft interessante Energiesparmassnahmen ermöglichen. Diese Tatsachen waren vielen Völkern in ihrer Volksarchitektur seit Urzeiten bekannt und wurden auch angewendet. In Bauernhäusern hat man zum Beispiel den Kuhstall oft in die Hausmitte verlegt, um durch die Abwärme der Tiere das Haus teilweise zu beheizen. Die Küche wurde aus ähnlichen Gründen ebenfalls meistens im Hauszentrum plaziert. Die Atrium-Architektur der Römer ist ein Versuch, für die rundumliegenden Räume eine von starkem Wind und vor Sonne geschützte Fassade zu realisieren. Durch die Schaffung von Lufträumen mit Hilfe von Aussen-

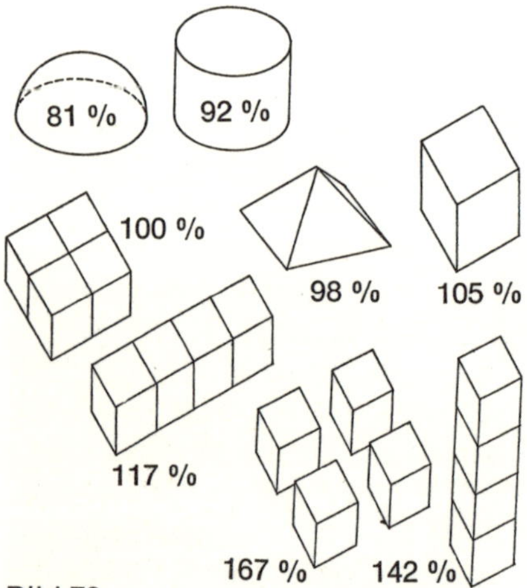

Bild 79
Oberfläche verschiedener Körper bei gleichem Volumen in Prozent (Dok. Plenar)

verglasungen kann man durch den Treibhauseffekt die Verringerung der Wärmeverluste durch Aussenwände und Fenster erzielen. Diese um die Hausfassade liegenden «Treibhausräume» können als Wintergarten, Hobbyraum oder Autogarage benützt werden (äussere Pufferzonen). Auch innenliegende Pufferzonen wie Treppenhäuser, Laubengänge, Keller, Dachstock usw. können als Energiesparmassnahme betrachtet werden. Durch die systematische Anwendung der «thermischen Pufferzone», kombiniert mit Wärmerückgewinnung, kann man den Wärmebedarf eines Hauses bis zu 50 % reduzieren. Man sollte jedoch aufpassen, dass trotz dieser inneren und äusseren thermischen Pufferzonen der Grundriss nicht überdimensioniert wird. Einfache und kompakte Grundrisse mit kleinen Abkühlungsflächen sparen auch Energie, weshalb ein überdimensionierter und komplizierter Grundrissplan die erhofften Vorteile nie gewährleisten wird.

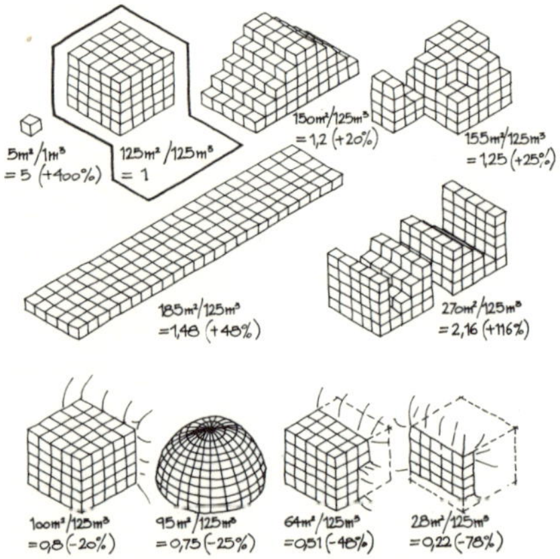

Bild 81
Änderung der Formkoeffizienten für ein Volumen von 125 m³ (Dok. Bardou-Arzoumanian)

4.3.2.2. Das kompakte Bauvolumen

Erfahrungsgemäss hat das Bauvolumen einen gewaltigen Einfluss auf den Energieverbrauch eines Gebäudes. Seine Grösse wird durch die Anforderungen des Bauherrn und durch die architektonischen Gedanken des Bauplaners bestimmt. Der Bauherr gibt seine Bedürfnisse an, der Architekt hat die Möglichkeit, gemäss diesen Anweisungen sein Bauvolumen zu bilden. Es ist allgemein bekannt, dass zu gleich grossen Nutzflächen grundverschiedene Bauvolumen konzipiert werden können. Man sollte anstreben, Volumen zu bilden, die für den gleichen Inhalt die kleinstmöglichen Oberflächen aufweisen. Auch in diesem Bereich sind einfache und kompakte geometrische Formen die günstigsten, da die Abkühlungsflächen am kleinsten sind. Bei vielen Sonnenhausbauten werden nur die optimalen Aufstellungswinkel der Kollektoren und andere Nebenbedingungen wie «Zonierung» respektiert. Die erhaltenen Bauvolumen und Bauformen werden dadurch oft ungünstiger und teurer. Einerseits wird Energie gespart, anderseits verschwendet. Der Optimierungsprozess zwischen verschiedenen von der Sonnenenergie bedingten Notwendigkeiten ist eine neue Kunst für Architekten.

4.3.2.3. Die geneigte Dachform

Die moderne Architektur hat unter Einfluss der Kunstphilosophie Kubismus/Konstruktivismus die kubische Bauform bedingungslos übernommen. Aber die Frage, warum in unserem Klimabereich seit Jahrtausenden Schrägdächer statt Flachdächer gebaut wurden, haben nur wenige gestellt. Erst die Bauschädensammlungen haben eine eindeutige Antwort gegeben, und man hat endlich wieder erkannt, dass Dachraum auch als thermische Pufferzone eine energiesparende Rolle erfüllt. Flachdächer haben nur dann eine Berechtigung, wenn sie als Dachgarten ausgebildet

Bild 82
Südfenster und Sonnenkollektoren sind die wichtigsten Energielieferanten des Sunstream-Solarhauses (Dok. Terrosi)

Bild 83
Amerikanisches «passives» Sonnenhaus mit Solarwand und Wintergarten. (Architekt: Kelbaugh)

Bild 84
Vordächer in der Solararchitektur erfüllen eine energiespartechnische Rolle (Dok. Sabady-Winkler)

Bild 85
Die Bepflanzung der Aussenwände erlaubt nicht nur harmonische Bauformen, sondern spart auch Energie.

werden, was leider nur selten der Fall ist. Für die Solararchitektur erlauben richtig konzipierte Schrägdächer eine optimale Einbau- und Orientierungsmöglichkeit für Sonnenkollektoren, und die relativ preisgünstigen Dachräume können als Abstellplatz oder als Wärmespeichervolumen dienen. Die sehr zahlreichen gestalterischen Möglichkeiten für Schrägdächer könnten auch die Langeweile der Flachdacharchitektur unserer Städte erträglicher machen.

4.3.2.4. Die fassadenschützenden Vordächer

Fast in allen Volksarchitekturen in unserem Klimabereich waren die weit auskragenden Dächer die wichtigsten Hauptmerkmale der naturgerechten Baukunst. Als einige Nichtarchitekten die Bildhauerei und das Bauen verwechselten und die «moderne» Architektur erfanden, hatten sie Schwierigkeiten, diese Auskragung ästhetisch in die kubische Form zu integrieren. Da sie die Funktion dieser architektonischen Massnahmen kaum verstehen konnten, blieb ihnen nichts anderes übrig als die Eliminierung der Vordächer.
Seit Jahrzehnten hat diese Baumode der ungeschützten Fassaden einen in die Hunderte von Millionen gehenden Riesenverlust durch Bauschäden und Energieverschwendung in aller Welt verursacht. Untersuchen wir das Problem ein wenig bauphysikalisch. Eine Aussenmauer ohne Vordach ist dem durch den Wind herangetriebenen Regen in ihrer vollen Höhe ausgesetzt. Da die Wirkung des Windes grösser ist, wenn die Fassade ungeschützt ist, hat die Aussentemperatur einen wesentlich grösseren Einfluss auf die Fassadentemperatur. Der Grund dafür ist die konstante Erneuerung der Luftteilchen, die im Kontakt mit der Fassade stehen. Durch den verstärkten Windeffekt werden auch Putz und Verkleidungen sowie Fensterelemente wesentlich mehr beansprucht. Niederschläge, die die Fassaden erreichen, verdunsten wieder, und durch den Verdunstungsprozess wird den Aussenmauern Wärme entzogen, die dadurch besonders stark abkühlen. Die Beobachtungen zeigen, dass bei jedem Niederschlag im Durchschnitt eine 1 mm dicke Wasserschicht verdunstet, welche einer Wassermenge von 1 Liter pro Quadratmeter entspricht. Bei einem Gebäude von 30 m Länge und 10 m Höhe bedeutet dieser vermeidbare Wärmeverlust etwa 180 000 kcal, was je nach Wirkungsgrad der Heizanlage einer Verbrennung von etwa 30 kg Heizöl entspricht. Durch diese Zahlen wissen wir, dass die durch den kleinsten Regen schwarzbefleckten, riesigen, ungeschützten Betonfassaden nicht nur unschön, sondern in höchstem Masse energieverschwenderisch sind.
Die Vordächer schützen im Sommer die Aussenwände und Fensterflächen auch gegen die unerwünschte Sonneneinstrahlung, lassen jedoch im Winter bei tieferem Sonnenstand die willkommenen Wärmestrahlen problemlos durch. Die vielseitigen Vorteile der Vordächer fordern von den Architekten, diese seit Jahrzehnten vergessene Bauart wieder vermehrt

Bild 86
Ein Wintergarten spart nicht nur Energie, sondern ermöglicht einen kultivierten Wohnkomfort (Architekt: Goforth)

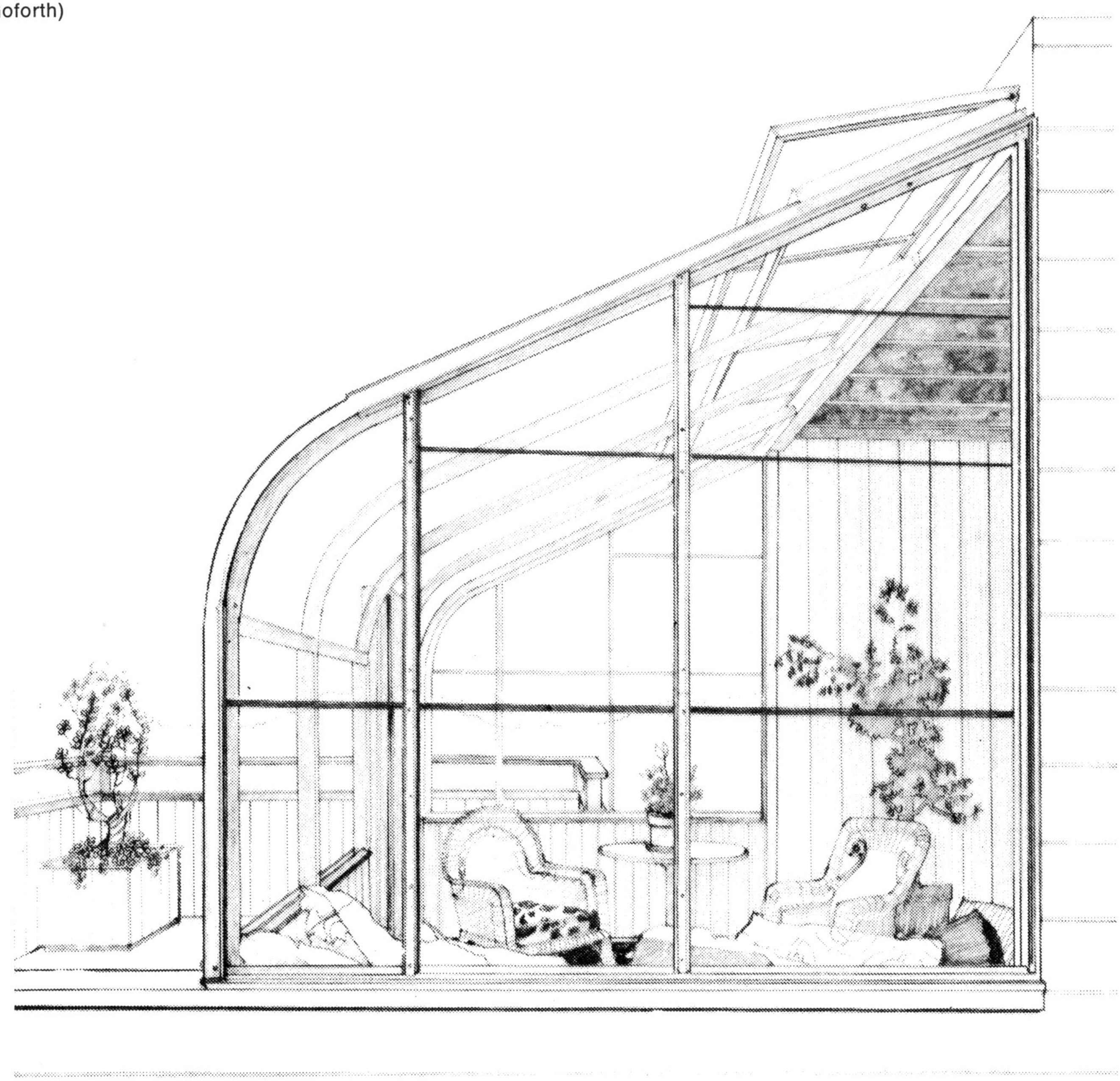

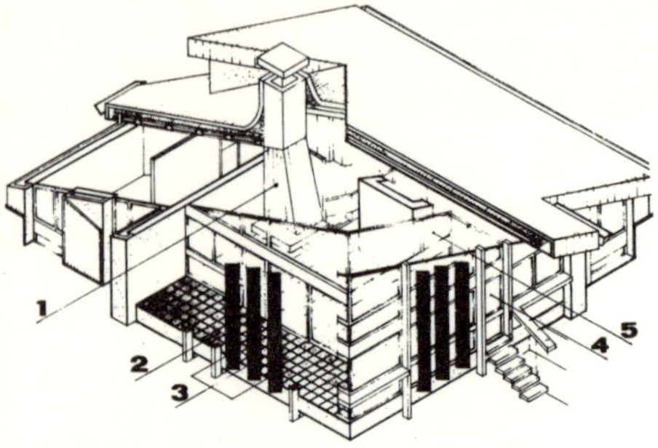

Bild 87
Die Beweglichkeit der Sonnenkollektoren kann einen höheren Wirkungsgrad der Solaranlage ermöglichen
1 Kachelofen
2 Wintergarten
3 Sonnenkollektoren
4 Einfachverglasung
5 Doppelfenster
(Dok. Desarzens)

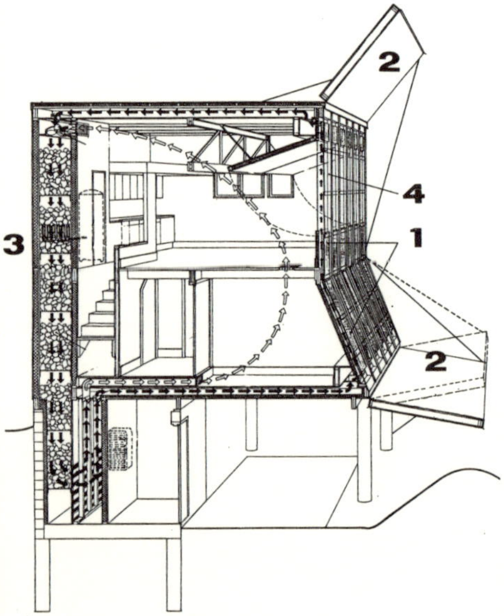

Bild 88
Ganze Südfassaden können beweglich konzipiert werden, um eine bessere Nutzung der Solarstrahlung zu gewährleisten

zu praktizieren. Unsere Häuser werden dadurch nicht nur schöner, sondern auch gesünder und energiesparender sein.

4.3.2.5. Die Veränderbarkeit der Bauformen

Nur die Veränderung ist konstant in der Natur, und diese biologische Tatsache ist besonders massgebend, was die Klimaverhältnisse im allgemeinen und die tages- und saisonbedingte Bewegung der Sonne im einzelnen anbetrifft. Im Gegensatz zur diffusen Strahlung, welche aus allen Richtungen des Raumes strömt, sind die für die Nutzbarkeit der Sonnenenergie so wichtigen direkten Strahlungen eindeutig richtungsorientiert. Um möglichst viel Energie aufnehmen zu können, sollten die Sonnenkollektorflächen der Sonne optimal nachgeführt werden. Da die biologische Solararchitektur eine integrierte Bauweise der Sonnenkollektorflächen erfordert, bedeuten die notwendigen Nachführungsmassnahmen eine Veränderbarkeit der Bauformen, insbesondere auf der Südseite des Gebäudes. Optimal wäre, was Einstrahlung und Rückstrahlung anbetrifft, wenn auch die Farben der Aussenhülle wie bei einem Chamäleon veränderbar wären. In diesem Falle könnte ein biologisches Sonnenhaus fast organisch auf die in warmen und kalten Jahreszeiten so verschiedenen Klimaeinflüsse reagieren, wobei eine zu grosse Abkühlung oder Aufheizung in den verschiedenen Tages- und Jahreszeiten vermieden werden könnte.
Man kennt bereits Solarhäuser, die durch zahlreiche mechanische Massnahmen den Aufbau ihrer Südfassaden (ganze Wandseite oder nur Kollektoren) verändern können, um je nach Bedarf verschiedene Isolierungs-, Absorptions- und Reflexionswerte erzielen zu können. Die modernen mechanisch beweglichen, konstruktiven Lösungen für die Fensterschutzelemente sowie die jeweilige Anpassung der Wintergartenglasflächen bedeuten auch einen Spezialfall für die Veränderbarkeit der Bauformen an der Südfassade.
Die weitgehende Vermeidung technischer Komplikationen müssen wir bei der Ausschöpfung solcher Möglichkeiten jedoch besonders beachten. Nur einfache, baubiologisch auch verantwortbare Methoden, die eine wartungsfreie und langlebige Funktion ermöglichen, sollten in Betracht gezogen werden.

Die gebührende Berücksichtigung der Wechselverhältnisse zwischen Bauform und Energie kann dem Planer und dem Bauherrn ermöglichen, biologische Sonnenhäuser mit besonders kleinem Wärmeenergiebedarf zu konzipieren. Gleichzeitig kann das Haus, wenn die Formen nicht nur technisch, sondern ganzheitlich optimiert sind, ein gesünderes Wohnen ermöglichen. Worauf man jedoch besonders achten sollte, ist die Vermeidung von Formen, die nur solartechnische Vorteile bringen, die aber manchmal volumenmässig oder aus biologischer Sicht unbefriedigend

Bild 89
Der Wintergarten kann auch einen integrierten Teil eines Wohnraumes bilden
(Architekt: Sortun)

sein können. Bei der Bestimmung der Formen des biologischen Sonnenhauses dürfen Planer und Bauherrschaft das ganzheitliche Denken in bezug auf eine echte Optimierung zwischen Wohnhygiene und Energiesparen einerseits sowie Ästhetik und Wirtschaftlichkeit anderseits nicht aus den Augen verlieren. Die Aufgabe ist nicht sehr leicht. Jedoch lassen uns die Vorbilder der Natur und aus der Bautradition sowie die Fortschritte der neuen Technik hoffen, dass es uns durch den Einsatz moderner, bauphysikalisch und baubiologisch optimierter, energiesparender Bauelemente und Planungskonzepte möglich sein wird, eine naturgerechte Harmonie zwischen den vielseitigen Anforderungen zu finden.

Gesamt-Konzeptoptimierung durch Check-Liste

Tabelle 38

Die zwanzig Beurteilungskriterien für das biologische Sonnenhauskonzept:

	Projekt 1	Projekt 2
– Erlaubt das Grundstück ein energiegerechtes Baukonzept? – Kann das Bauland als baubiologisch befriedigend betrachtet werden? – Welches Verhalten haben die Baustoffe in bezug auf die externe und interne Strahlungsumwelt sowie auf die elektrischen und magnetischen Felder? – Sind die eingesetzten Baustoffe regenerativ, atmungsfähig und wärmeoptimiert? – Beinhalten die Baustoffe giftige oder stark radioaktive Komponenten? – Entsprechen die Baustoffe den Anforderungen der modernen Bauphysik? – Sind die Baustoffe ökologisch verantwortbar? – Wirkt der Baustoff psychologisch und physiologisch günstig auf die Bewohner? – Sind die Baustoffe ökonomisch preiswert? (Kaufpreis, Unterhalt, Lebensdauer) – Respektieren die Bauelementkonzepte die natürlichen Eigenschaften der eingesetzten Baustoffe? – Sind alle Bauelemente ebenso wie die bestimmten Baustoffe gesundheits- und umweltgerecht sowie energie- und kostenoptimiert? – Können die Fensterelemente durch energieoptimierte Proportionen, Orientierungen, Aufbau und thermische Schutzvorrichtungen als echter Sonnenkollektor fungieren? – Besteht die Möglichkeit, dem Bau einen energiesparenden Wintergarten beizufügen oder solare Südwände zu konzipieren? – Wurden alle notwendigen horizontalen und vertikalen thermischen Pufferzonen vorgesehen? – Sind die Formen im Plan und im Raum auf natürliche Weise harmonisch, energiesparend kompakt und den echten Bedürfnissen entsprechend gestaltet?		

	Projekt 1	Projekt 2
– Erlaubt die geneigte Dachform den sofortigen oder späteren Einbau von Sonnenkollektoren optimal? – Wurde alles vorgesehen, um die Fassadenwände durch Vordächer gegen Energieverluste und Bauschäden zu schützen? – Ist die Möglichkeit für eine interne und externe Veränderbarkeit der Bauelemente und Bauformen gegeben, um dadurch einen saisonabhängigen Energie- und Gesundheitskomfort zu gewährleisten? – Ist der Einbau eines biologisch verantwortbaren Strahlungsheizsystems gewährleistet? – Ermöglicht das Gesamtkonzept die optimale direkte und indirekte Nutzung der Sonnenenergie mit möglichst niedrigen Heiztemperaturen?		
Total Auswertungspunkte:		

Sonnenhaus in Dänemark
mit weitgehend natürlicher Sonnenenergienutzung durch direkte
Südfenster-Einstrahlung
(Architekt: N. Brand)

5. Die biologische Haustechnik oder die Grundsätze für eine humane Wohntechnologie

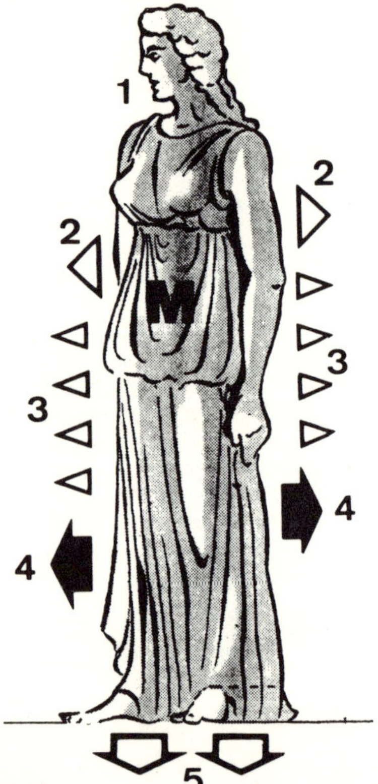

Bild 90
Der Mensch und sein biologischer Energiestoffwechsel ist der einzige richtige Massstab für jegliche Bautechnik
M Interner Metabolismus
1 Verdunstungswärme durch Atmung
2 Verdunstungswärme durch Schwitzen
3 Wärmestrahlung
4 Konvektion
5 Wärmeleitung

Die kosmische Energie ist die Quelle des irdischen Lebens. Organisches Leben bedingt stetigen Energieumsatz; auch der Mensch ist diesem Naturgesetz unterstellt. In der Architektur erfolgt der natürliche Energieaustausch auf zwei verschiedenen Ebenen, zuerst zwischen Gebäude und Umwelt, dann sekundär zwischen Mensch und Gebäude. Der Bewohner erlebt in seinem Hause die ständig wechselnden Klimaeinflüsse der Natur in Form von verschiedenen innenraumbezogenen mikroklimatischen Faktoren. Diese Einflussfaktoren werden in der Fachliteratur als biotrope Klimakomponenten bezeichnet und beinhalten als wichtigste meteorologische Begriffe Temperatur, Luftfeuchtigkeit, Luftdruck, Luftbewegung, Lufterneuerung, Luftelektrizität und Ionisation. Ein Innenraumklima ist komfortmässig nur dann optimal, wenn diese biotropen Klimakomponenten in ihrer Gesamtheit auf die spezifischen biologischen Bedürfnisse der Bewohner harmonisch abgestimmt sind. Man spricht in diesem Fall von einem «totalen biologischen Wohnkomfort». Der ganzheitliche biologische Wohnkomfort steht im Gegensatz zu einseitigen technokratischen Bestrebungen, in welchen zum Beispiel eine verschwenderisch hohe und ungesunde Raumtemperatur schon als Komfort bezeichnet wird.

Für die baubiologische Betrachtungsweise beinhaltet der Begriff «optimales Raumklima» die Gesamtheit der notwendigen baulichen und installationstechnischen Massnahmen. Das wesentlichste Bestreben der Bioarchitektur ist, durch naturgerechte konstruktive Massnahmen ein gleichzeitig gesundes und energiesparendes Innenraumklima zu realisieren. Wenn die natürlichen Möglichkeiten zur Deckung des Heizenergiebedarfes nicht ausreichen, muss die notwendige Ergänzung durch eine biologisch verantwortbare Haustechnik erfolgen. Die haustechnischen Installationen müssen eine Optimierung des Wohnkomfortes in bezug auf die Nutzung der thermischen, sanitären und elektrischen Anlagen ermöglichen. Da die zum Einsatz kommenden Installationen und Geräte oft wesentliche biologische Störfaktoren darstellen, müssen sowohl Planer als Bauherr alles unternehmen, um die eventuellen negativen Auswirkungen dieser haustechnischen Elemente weitgehend zu begrenzen.

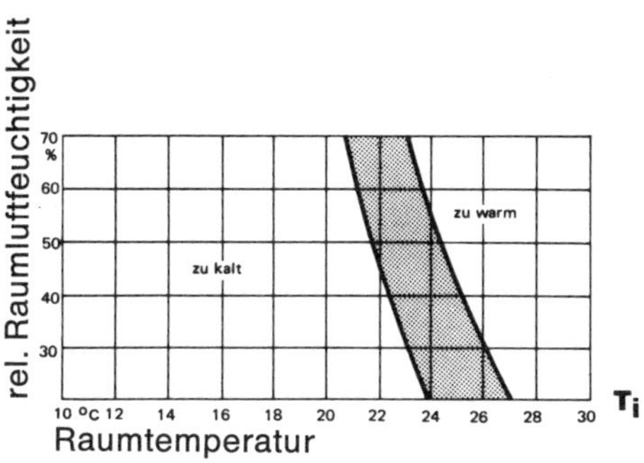

Bild 92
Behaglichkeitsgefühl der Raumlufttemperatur bei unterschiedlicher relativer Raumluftfeuchte (nach Balkowski)

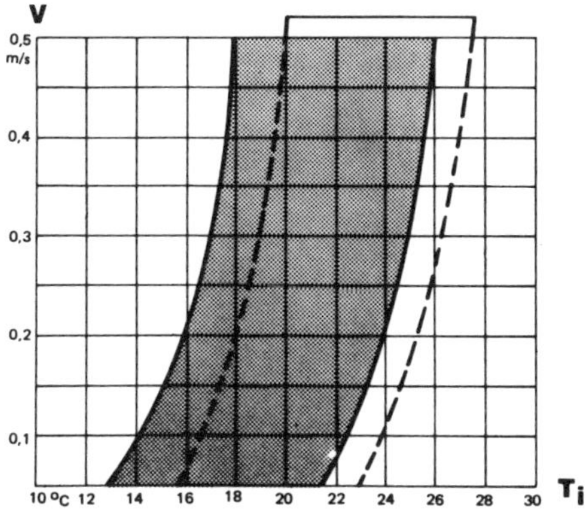

Bild 91
Behaglichkeit im Raum bei unterschiedlicher Luftgeschwindigkeit – gestrichelte Linien im Sommer (nach Balkowski)

5.1. Die natürliche Raumklimatisierung

Forschungsarbeiten und praktische Erfahrungen zeigen, dass durch richtige Baustoffwahl und ein klimagerechtes Baukonzept die Erfordernisse für ein energiesparendes und gesundes Wohnklima weitgehend erfüllt werden können.
Die Gesamtheit der Massnahmen, die darauf zielen, möglichst viel Klimakomfort ohne Fremdenergie und Installationstechnik zu realisieren, nennt man «natürliche Raumklimatisierung». Sie ist die Kunst der Klimatisierung durch naturgerechte Architektur. Ihre meistens auf Intuition basierenden Techniken sind seit Jahrtausenden aus vielen Volksarchitekturen bekannt. Seit einiger Zeit entstehen in aller Welt Bauten, welche die Möglichkeiten der Sonnenenergienutzung durch die wissenschaftlich erforschten Methoden der natürlichen Raumklimatisierung anwenden. Erfahrungen zeigen, dass diese Art von Sonnenenergienutzung die preiswerteste aller vorhandenen Möglichkeiten ist.
Worauf müssen Architekt und Bauherr achten, wenn sie ein Haus teilweise durch «natürliche Klimatisierung» beheizen oder kühlen wollen?

- Natürliche Klimatisierung ist nur dann möglich, wenn das Bauprojekt klimaabhängig konzipiert wird; das heisst, dass man stets eine regional angepasste Bauweise anstreben sollte.
- Zwischen Baustoffqualität, Baukonzept, Raumklima und Energieeinsparung herrschen untrennbare ganzheitliche Verhältnisse.
- Der echte Wohnkomfort ist das Resultat des Optimierungsprozesses zwischen physikalischen, physiologischen und psychischen Anforderungen.
- Je nach Jahreszeiten müssen drei grundsätzliche Probleme gelöst werden: Heizung, Lüftung und Kühlung. In allen Fällen werden wir mit den vier sekundären Problemen Bedarfsoptimierung, Energieaufnahme, Energiespeicherung und Energiesteuerung konfrontiert.
- Die Bedarfsoptimierung ist bekanntlich vom allgemeinen Baukonzept abhängig (Orientierung, Grundriss, Volumenverhältnis, Flächenverhältnisse, Isolierung usw.). Ein Teil der Massnahmen ist durch naturgerechte Planung auch ohne Mehrkosten realisierbar.
- Das richtig konzipierte und geschützte Südfenster ist das wichtigste Element der Energieaufnahme. Die Erfahrungen zeigen, dass nach einem sonnigen Tag in der Heizsaison allein durch solare Fenstereinstrahlung während 1–2 Tagen der Wärmebedarf eines Raumes gedeckt sein kann (in Abhängigkeit der Aussentemperaturen). Auch eine Südwand in verschiedenen Ausführungen kann der Energieaufnahme dienen (z. B. Solarwände usw.).
- Energiespeicherung sollte durch relativ schwere Bauelemente in Wänden und Böden erfolgen können.
- Auf natürliche Weise erwärmte Wände und Böden ergeben eine beson-

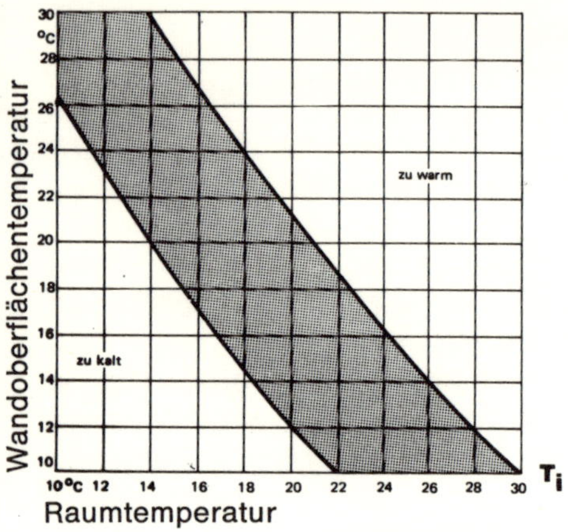

Bild 93
Behaglichkeit im Raum bei unterschiedlichem Verhältnis von Lufttemperatur und innerer Wandoberflächentemperatur (nach Balkowski)

ders günstige Strahlungsheizung mit vielen gesundheitlichen und energiespartechnischen Vorteilen.

- Auch die internen Wärmequellen sind zu berücksichtigen, beispielsweise die Wärmeabgabe der Bewohner (pro Person etwa 75kcal/Stunde in Ruhe und 90–600 kcal/Stunde beim Arbeiten, je nach Situation während etwa 14 Stunden pro Tag),
  die Abwärme von verschiedenen haustechnischen Installationen (z. B. Kochherd etwa 120 Mcal/Monat, Beleuchtung etwa 80 Mcal/Monat im Winter für ein «Normalhaus») sowie eine eventuell mögliche Wärmerückgewinnung.
  Derartige Faktoren müssen in den Wärmebilanzen berücksichtigt werden, da sie stets eine für Heizzwecke nutzbare Energie bedeuten.

Tabelle 39
Die menschliche Wärmeentwicklung im Haus
(nach Balint)

Betätigung	Energiebedarf kcal/h	Watt
Schlafen (Grundmetabolismus)	75	87
Sitzend lesen	90	104
Schreiben	115	133
Leichte Heimarbeiten	150	175
Putzen	175	203
Von Hand waschen	245	284
Schwerste Heimarbeiten	600	700
Intensiver Heimsport	875	1015

Bekleidung bestimmt Energiebedarf und Wohlgefühl

- Die richtige, der Saison angepasste Bekleidung – tagsüber und auch nachts – ist für ein angenehmes Wärmegefühl, welches sich nicht nur auf die Gesundheit, sondern auch auf den Energieverbrauch weitgehend auswirkt, von grosser Bedeutung.
- Die widersprüchlichen Funktionen wie Wärmedämmung und Wärmespeicherung können beim heutigen Stand der Technik nur durch zwei verschiedene spezifisch optimierte Stoffe befriedigend erfüllt werden.
- Die Energiesteuerung erfolgt im wesentlichen durch die Fensterschutzelemente (Vorhänge, Sonnenschutz usw.) sowie durch die Regelung der Wärmeabgabe der Speicherelemente.

Natürliche Energiesteuerung

- Im Sommer und in warmen Ländern wird die Abkühlung der Speicherwände durch gezielte Nachtlüftung gesteuert.
- Nach Messungen von Prof. Dr. R. Ayoub kann ein organisch konzipiertes Gebäude in Mitteleuropa ohne jegliche technische Anlagen mit

Hilfe der natürlichen Klimatisierungsmethode im Winter Raum-Durchschnittstemperaturen ermöglichen, welche um 8–12 °C höher liegen als die jeweiligen Aussentemperaturen. Bei günstiger Lage kann fast ohne Mehrkosten eine Jahresenergieeinsparung von 35–60 % realisiert werden. Die sommerlichen Belüftungsanwendungen ermöglichen Raumtemperaturen, die gegenüber der Aussentemperatur um ungefähr 10 °C tiefer liegen können. Südlich des 38. Breitengrades ist, nach Prof. Ayoub, eine hundertprozentige Energieeinsparung für Heizung, Lüftung und Kühlung problemlos möglich.

- Um die besonders wertvollen Möglichkeiten der natürlichen Klimatisierung voll ausschöpfen zu können, müssen neben den architektonischen Massnahmen auch moderne Installationselemente wie Sonnenkollektoren, Heizkamine und Kachelöfen harmonisch in das organische Bausystem integriert werden.

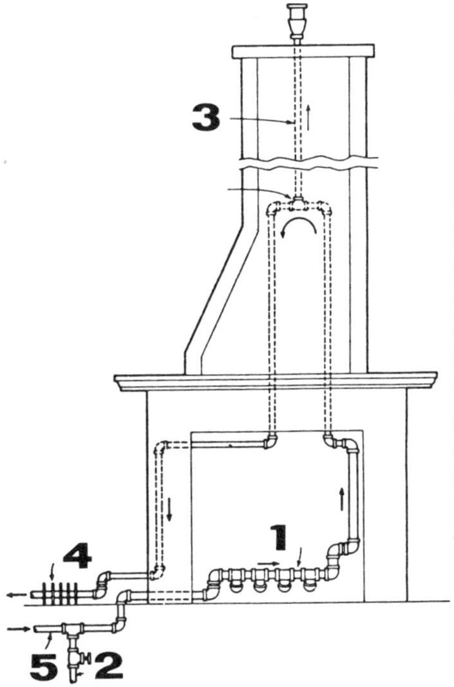

Bild 94
Moderne Kaminanlage mit Zusatz für Warmwassererzeugung
1 Rohrsystem
2 Leitungsanschluss
3 Expansion
4 zu Radiatoren oder zum Boiler
5 Kaltwasser-Rücklauf
(Dok. Sawdust)

5.2. Moderne technische Heizsysteme

In unseren Klimabereichen kann die natürliche Raumklimatisierung nur einen Teil des jährlichen Heizenergiebedarfes decken. Man braucht ein Zusatzheizsystem, welches Fremdenergie benötigt. Es ist sehr wichtig, dass diese technische Heizanlage durch ihre naturgerechte Konzeption die echten und globalen mikroklimatischen Bedürfnisse des Menschen erfüllen kann. Das technische Heizungssystem eines vernünftigen Sonnenhauses sollte eine humane biosolare Heizung sein, die nicht nur technisch, sondern auch biologisch optimiert werden sollte. Welches sind die wichtigsten Bedürfnisse eines gesunden Menschen, der seine – was das Innenraumklima betrifft – natürlichen Instinkte noch nicht verloren hat, und auf welche Weise kann man diese bautechnisch erfüllen?

- Statt ungesund hohe Raumlufttemperaturen durch energieverschwenderische Strömungswärme zu erzeugen, sollte eine grossflächige und richtig verteilte Strahlungswärme angestrebt werden. Nur diese Strahlungswärme erlaubt dem menschlichen Organismus, seine durch Atmung und Nahrungsmittelverdauung erzeugten Wärmeenergien möglichst lange zu behalten.
- Bei vernünftigem Gebäudekonzept, entsprechender Baustoffwahl und Strahlungsheizung werden bereits 18–20 °C als angenehm empfunden (in Küche und Schlafzimmer genügen schon 15–17 °C). Dabei sollten die Temperaturen der umschliessenden Wand-, Decken- und Bodenelemente eine möglichst gleich hohe Oberflächentemperatur wie die Raumlufttemperatur aufweisen können (max. 1–2 °C Unterschied nach oben oder unten sind noch verantwortbar). In diesem Fall

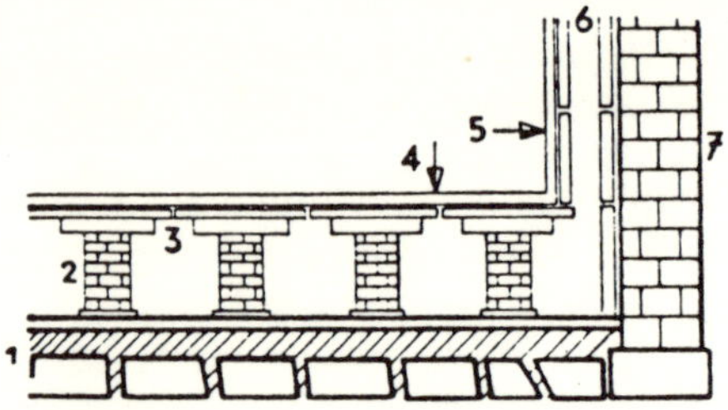

Bild 95
Die altrömische Hypokauststrahlungsheizung stellt auch noch heute eine gesundheitstechnisch optimale Heizmethode dar
1 Fundament
2 Bodentragsäulen
3 Bodentragplatten
4 Fussboden
5 Wandverputz
6 Röhrenziegel
7 Aussenwandmauer

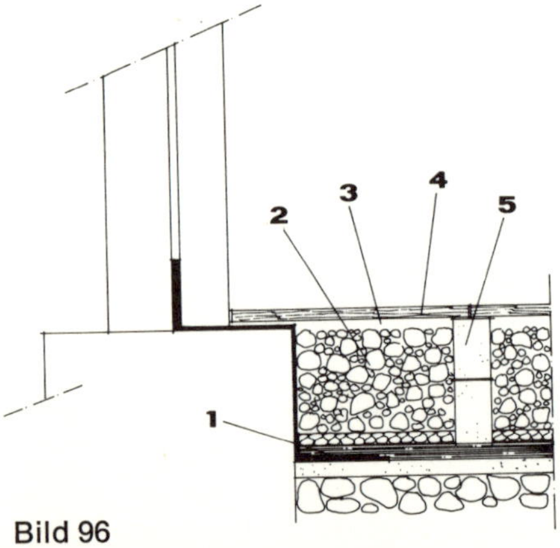

Bild 96
Moderne Hypokaust-Luftbodenheizung für Keller-Atelier in einem Biosolarhaus. Die Aufheizung erfolgt durch Sonne und Abfallholz.
1 Isolierschichten
2 Kalksteine
3 Luftraum
4 Holzboden
5 Ziegel-Tragelemente
(nach Sabady/Peter)

kann man gesunde, kühle Luft atmen und trotzdem nicht frieren, wie an einem sonnigen Frühlingstag.

- Man sollte ein Heizungssystem vorsehen, das durch eine optimierte Strahlungsheizung keine ungesunden Staubwirbelungen oder Zugluft-effekte bewirkt und auch sonst keine biologischen Nachteile aufweist.
- Da die baubiologische und heizungstechnische Wirksamkeit der Warmwasser-Fussbodenheizungen in Fachkreisen ziemlich umstritten ist, kann es interessant sein, mit Hilfe von in Bodenhöhe verlegter Röhren die Wände aufzuheizen, welche nachher ihrerseits wie ein grossflächiger Kachelofen die Räume durch eine gesunde Strahlungswärme erwärmen können.
- In den meisten Fällen können günstig konzipierte Einzelöfen einen wesentlich geringeren Energiebedarf ermöglichen als Zentralheizungen, da sie erlauben, nur diejenigen Räume und nur während der notwendigen Benützungszeiten selektiv zu beheizen, ohne für nicht benützte Hausteile Energie zu verschwenden.
- Der hohe regenerierende Wert des offenen Feuers muss wieder erkannt werden; seine Nutzung als besonders wertvolle Raumheizung sollte mit Hilfe von modernen Kaminanlagen und Kachelöfen gefördert werden. Die optimale Lage eines Heizkamins ist in der Hausmitte. Durch Warmwasserzusatz kann ein moderner Energiesparkamin auch für Warmwasserbereitung benützt werden. Es gibt auch neuartige Kaminanlagen, die als Warmluftheizsystem energiesparend wirken, wobei man darauf achten sollte, dass keine Staubaufwirbelung und Luftzugerscheinungen auftreten. Es besteht auch die Möglichkeit, Kamine oder Kachelöfen mit Sonnenkollektoren zu kombinieren. Besonders wertvoll kann sein, wenn zum Beispiel solare Luftkollektoren mit einer Kaminanlage in Verbindung gebracht werden. In diesem Fall ist gleichzeitig eine solare Wärmespeicherung in den Steinmassen und Strahlungswärmeabgabe durch Kachelofeneffekt erzielbar. Das Heizsystem des vom Autor konzipierten «Biosolar-Modul H 1» arbeitet auf diese Weise.
- Ein optimiertes Raumklima sollte neben den erforderlichen Temperaturen auch die anderen wichtigsten rauminternen, biotropen Klimakomponenten wie Luftfeuchtigkeit (im Winter nicht unter 40 %, im Sommer zwischen 40–60 %), geringe Luftbewegung (im Winter unter 0,1 m/Sek., im Sommer zwischen 0,2–0,4 m/Sek.), genügende, möglichst natürliche Belüftung (30–60 m³ Frischluft pro Person und Stunde), befriedigender Ozongehalt, Luftelektrizität und Ionisationsgrad, ermöglichen können. Die wärmetechnische Behaglichkeit wird übrigens gemäss neuesten Forschungserfahrungen auch durch die Licht- und Farbverhältnisse oft wesentlich beeinflusst. Alle diese Elemente zusammen bestimmen ein totales biologisches Innenraumklima, welches nur durch eine ganzheitliche Betrachtungsweise bezüglich der wärme-

Tabelle 40

Notwendiger Luftwechsel pro Stunde in Wohnungen
(nach Grandjean)

Raum	Luftwechselzahlen Mindestwerte	erwünschte Werte	Lüftungsart
Wohnraum	2	2– 3	Fensterlüftung
Schlafzimmer	2	2– 3	Fensterlüftung
Kinderzimmer	2	2– 4	Fensterlüftung
Kleine Küchen (< 20 m³)	10	20–30	Fensterlüftung und mechanische Lüftung erwünscht
Mittlere Küchen (20–30 m³)	8	15–25	
Grosse Küchen (> 30 m³)	6	10–20	
Aussen- und innenliegende Badezimmer (12–15 m³)	4	5– 8	Fensterlüftung und mechanische Lüftung
Aussenliegende WC (4–6 m³)	2	4– 6	Fensterlüftung
Innenliegende WC (4–6 m³)	2	4– 6	Fensterlüftung und mechanische Lüftung
Korridor	1	2	Lüftung durch Türen, dazu evtl. Schachtlüftung
Treppenhaus	1	2	

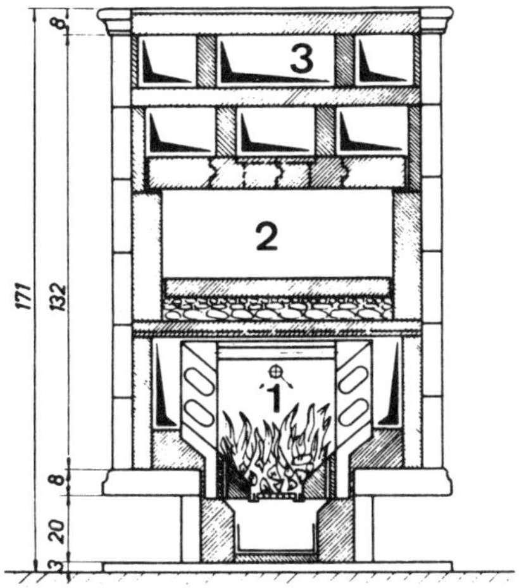

Bild 97
Kombinierter Heiz- und Backofen mit eingebautem Warmwasserkessel für Abfallholzfeuerung
1 Feuerstelle
2 Backraum
3 Luftführungen
(Dok. SVW)

physiologischen und technischen Vorgänge sowie humanen Psychologie optimiert realisiert werden kann.

– Die grossen Unterschiede zwischen den Oberflächentemperaturen der Wand- und Deckenelemente sowie der Raumlufttemperatur sind nicht nur ungesund, sondern auch energieverschwenderisch. Betonbauelemente und grosse Glasflächen, die stark wärmeleitend sind, können manchmal Oberflächentemperaturen von 15 °C oder weniger haben. Wenn man in solchen Fällen nicht frieren will, werden 24–25 °C Raumlufttemperatur benötigt. Um diese Temperatur zu erzielen braucht man jedoch etwa 40 % mehr Energie als für einen Bau, der eine Heizungsweise gestattet, die sowohl Raumhüllentemperaturen als auch Raumlufttemperatur auf 18 °C halten kann. Heizungsverhältnisse mit hohen Temperaturunterschieden zwischen Hülle und Luft erzeugen auch Luftbewegungen (bei einer Differenz von 2 °C bereits 20 cm/Sek.!), die bei vielen zu neuralgischen und rheumatischen Beschwerden führen. Er-

Tabelle 41
Energiebedarf haustechnischer Geräte

Geräteart	Jahres-verbrauch in kWh	in einem 4-Personen-Haushalt für
Grossverbraucher		
Zentralheizung	19 000	7 Monate
Gefrierschrank (300 l)	1 080	Jahresbetrieb
Durchlauferhitzer	1 040	4 Bäder/Woche zu 40 °C
Kochendwassergerät (5 l)	1 022	25 l/Tag
Herd	837	1x/Tag Essen kochen 1x/Woche Kuchen backen
Geschirrspüler	766	1 Füllung/Tag
Mehrflammige Leuchten	438	5x60 W an 4h/Tag
Wäschetrockner (Abluft)	420	64 kg Wäsche/Monat
Waschvollautomat	408	64 kg Wäsche/Monat
Heizlüfter (2 kW)	400	2 Std. an 100 Tagen
Mittlere Verbraucher		
Farbfernseher	256	2 Std./Tag
Schwarzweissfernseher	123	2 Std./Tag
Dunstabzugshaube	114	2 Std./Tag
Grillgerät	104	2 Std./Tag
Kaffeeautomat	61	8 Tassen/Tag
Bügelmaschine	50	4 kg Wäsche/Woche
Kleinverbraucher		
Haartrockner	27	4x/Woche
Bügeleisen	22	4 kg Wäsche/Woche
Handstaubsauger	10	2x30 m² Teppich/Woche
Handrührer	7	10 Min./Tag
Tonbandgerät	5	2 Std./Tag
Allesschneider	0,6	10 Scheiben Brot/Tag
elektrischer Rasierapparat	0,3	5 Min./Tag
elektrische Zahnbürste	0,2	8x2 Min./Tag

höhte Raumtemperaturen verursachen ein trockenes, sauerstoffarmes und krankheitskeimhaltiges Innenraumklima, welches Flachatmung, Pulsfrequenzerhöhung und Kopfschmerzen bewirkt.

Fremdenergiebedarfbeschränkung ist Umweltschutz

- Was die Nutzung der durch menschliche Techniken erzeugten Energien im Wohnbereich anbetrifft, müssen wir den Bedarf so tief als möglich halten, um so mehr weil man weiss, dass alle bis heute bekannten technischen Energieformen wie Elektrizität, Öl, Kohle und Gas infolge

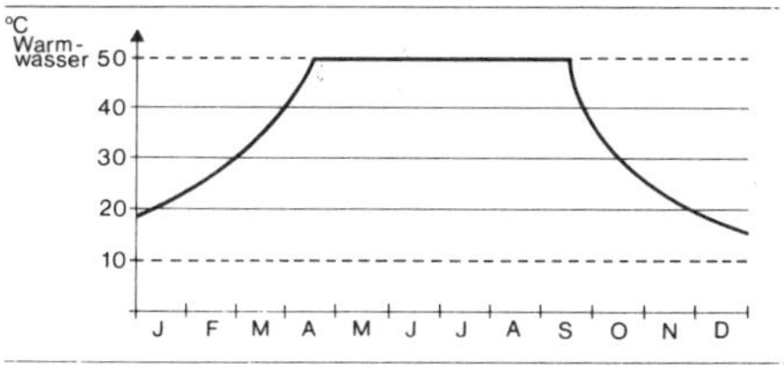

Bild 98
Energieeinsparungsmöglichkeit durch 6 m² Sonnenkollektoren für Brauchwarmwasserbereitung (Dok. Arbonia)

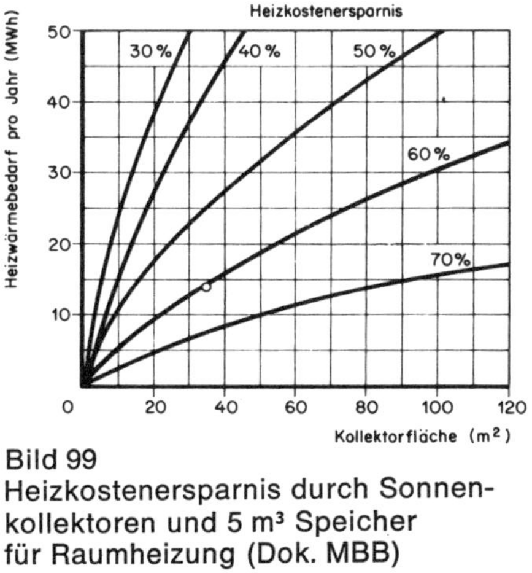

Bild 99
Heizkostenersparnis durch Sonnenkollektoren und 5 m³ Speicher für Raumheizung (Dok. MBB)

ihrer Erzeugung, Verteilung oder Benützung auf irgendeine Weise irgendwo auf dem Raumschiff Erde umweltzerstörend sind.
Das Problem des Atomstromes ist allgemein bekannt – auch Öl verpestet jedoch Meere und Luft! Im Boden verlegte Gasleitungen sind oft undicht und können auf Bäume und Pflanzen ebenfalls sehr zerstörerisch wirken. Auch die Probleme bei der Verbrennung von Kohle sind bekannt.
Ein erhöhter Fremdenergieverbrauch durch den Menschen, der selbst bei höchster physischer Anstrengung lediglich eine maximale Tagesarbeit von 0,7 kWh (Verbrennungswert von etwa 1 dl Öl) erbringen kann, ist weitgehend naturwidrig, weil die unnatürliche Energieerzeugung stets auf Kosten der Umwelt geht. Diese Tatsache darf nicht vergessen werden, wenn man zum Beispiel ein Auto kauft, für dessen Fabrikation mindestens 17 000 kWh Energie investiert werden mussten, welche grundsätzlich nicht dem Menschen, sondern der Natur gehören. Das gleiche gilt für die zahlreichen, oft unnötigen technischen Gadgets, die wir in unsere Häuser einbauen.

- Bei einer eventuellen Installierung von Wärmepumpenanlagen, die heute meistens noch hochwertige und teure Energien für ihr Funktionieren benötigen, muss man besonders auf die echte Wirtschaftlichkeit achten, weil viele werbungsbedingte Teilwahrheiten im Umlauf sind.
- Der Einbau einer technologisch möglichst einfachen Solaranlage kann sehr interessant sein. Das Problem der Wirtschaftlichkeit muss auch hier global untersucht werden, wobei wir in Betracht ziehen müssen, dass die grössten Vorteile der Sonnenenergie – Umweltfreundlichkeit, politische und ökonomische Freiheit, unbegrenzte Verfügbarkeit usw. – nicht mit Geldwerten und in Zahlen ausdrückbar sind. Kollektoren, Wärmespeicher und Verteilungsleitungen müssen so konzipiert, installiert und isoliert werden, dass sie für die natürliche Umwelt und auf die Gesundheit der Bewohner keine negativen Effekte bewirken können.
  Die Speicherung der Solarwärme kann in Wasser, in Steinen oder in chemischen Speichermassen erfolgen, wobei die Lösungsvorschläge nicht nur technisch, sondern auch baubiologisch optimiert werden müssen.
- Allgemein betrachtet sollten nur soviele wärmetechnische Anlagen in ein Haus eingebaut werden, wie für einen einfachen und gesunden Wohnkomfort absolut notwendig sind. Was die von Ingenieuren angestrebte Klimakonstanz anbetrifft ist es interessant zu wissen, dass der menschliche Körper, physiologisch betrachtet, für sein gesundes Funktionieren nicht Temperaturmonotonie braucht, sondern die natürlichen Klimaschwankungen.
- «Weniger ist mehr» sagt man, und das ist besonders zutreffend für die Heizungstechnik im biologischen Sonnenhaus.

Tabelle 42

Leistungsfähigkeit typischer Solarwarmwasser-Anlagen als Zusatz
(nach Steinhardt/Pribil)
Geographische Lage 48 ° N, Fläche der Kollektoren 8 m², Speichervolumen 0,8 m³

Monat	Bedarf kWh	Wirkungsgrad des Kollektors	Sonnenenergie kWh	Sonnenüberschuss-wärme kWh	alter Ölverbrauch im Monat (Liter)	Einsparung durch Sonne in Liter	neuer Ölverbrauch im Monat (Liter)	Deckung pro Monat in %
Januar	331	0,399	139	0	132	94	38	71,21
Februar	331	0,386	209	0	132	108	24	82,82
März	331	0,377	314	0	132	129	3	97,73
April	331	0,364	408	77	132	132	0	100
Mai	331	0,350	460	129	132	132	0	100
Juni	331	0,339	479	148	132	132	0	100
Juli	331	0,340	486	155	132	132	0	100
August	331	0,355	471	139	132	132	0	100
Sept.	331	0,366	411	80	132	132	0	100
Oktober	331	0,397	289	0	132	124	8	93,94
Nov.	331	0,452	171	0	132	101	31	76,5
Dez.	331	0,438	125	0	132	92	40	69,7

Elektrostörungen im modernen «Hartbau» ohne Isolation

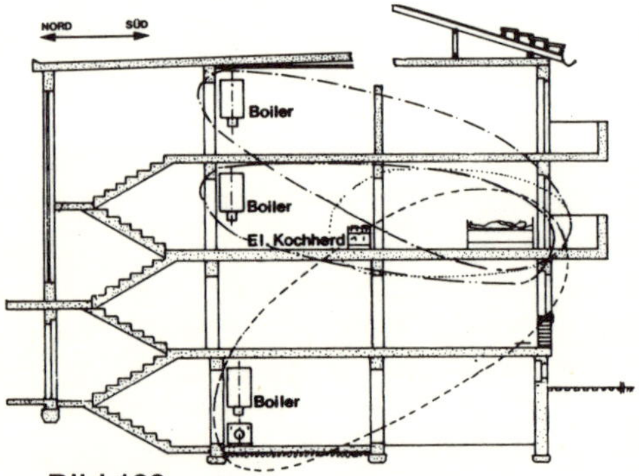

Bild 100
Haustechnische Geräte ohne Isolierungsmassnahmen können gesundheitsgefährdend sein (nach Schröder/Lotz)

5.3. Elektrische und sanitäre Installationen

Die zahlreichen wissenschaftlich erforschten Erfahrungen haben eindeutig gezeigt, dass das sehr weitgehend elektrifizierte Wohnhaus oft als biologischer Störfaktor auf die Bewohner wirken kann. Die Messung der «Elektrostörungen» kann durch die «Georhythmogramm-Methode» nach Dr. Hartmann erfolgen, wodurch die Veränderung des Körperwiderstandes unter Elektro-Stress-Effekt beobachtet wird. So bewirkt zum Beispiel das Einschalten eines Fernsehgerätes auf eine Distanz von 1,5 Meter schon eine Erhöhung des Körperwiderstandes von 8,5 kΩ auf 13,0 kΩ. Durch eine länger andauernde Belastung unter diesem Effekt können bei sensiblen Personen Schlafstörungen, Herz- und Kreislaufbeschwerden usw. entstehen. Um diese Wirkungen weitgehend vermeiden zu können, sollten Leitungen möglichst optimal geführt und gut isoliert werden. Ausserdem ist es besser, wenn der elektrische Anschluss des Hauses unter-

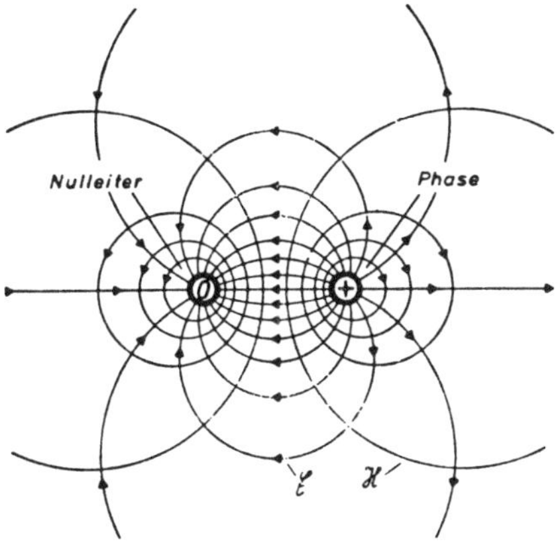

Bild 101
Ausbreitung elektrischer und magnetischer Wechselfelder in der Nähe verschiedener Stromleitungen ohne Abschirmung (nach Falk)

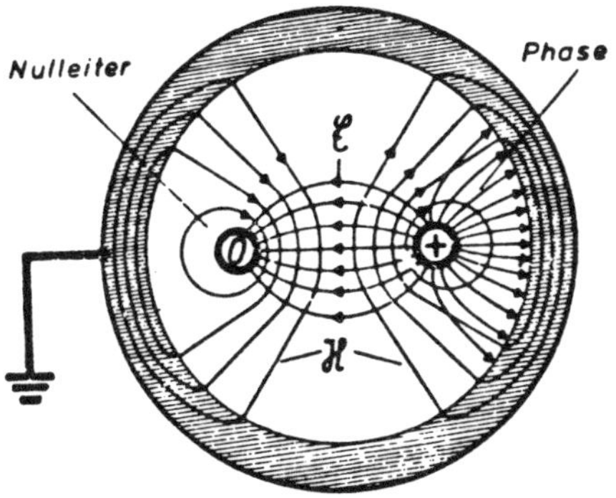

Bild 102
Dickwandige, geerdete Metallröhren ermöglichen eine weitgehende Abschirmung (nach Falk)

irdisch erfolgt, statt mit Leitungen über dem Haus; auch ist die Nichtbenützung von sich elektrisch stark aufladenden Kunststoffen im Wohnbereich wichtig. Die Abschirmung der elektrischen und magnetischen Wechselfelder um Apparate und Leitungen ermöglichen im Haus ein ruhigeres und gesünderes Innenraumklima. Die Ausschaltung aller Stromkreise während den Schlafzeiten (mit Hilfe eines Netzfreischalters) kann für schlecht schlafende Personen manchmal Wunder wirken. Auch die viel Metall enthaltenden Sanitärinstallationen müssen wenn möglich zentral geführt werden, um verschiedene Störeffekte zu vermeiden.
Seit einiger Zeit sind zahlreiche auf ionisierende sowie elektromagnetische Wirkung aufgebaute Apparate erhältlich, die in gewissen Fällen einen eindeutig positiven Einfluss auf das Innenraumklima und dadurch auf die Gesundheit der Bewohner ausüben können. Die Zukunft liegt – was die Erzielung eines optimierten Wohnklimas betrifft – in der harmonischen Abstimmung zwischen einem biologisch gesunden Baukonzept und der modernen heilwirkenden Elektronik. Durch weitgehende Ausschöpfung der gegebenen Möglichkeiten wird vielleicht der Mensch erstmals in seiner Geschichte Bauten erstellen können, die ihn nicht nur gegen Umwelteinflüsse schützen, sondern auch auf seine Gesundheit positiv und spezifisch regulierbar wirken werden. Auch in diesem Bereich sollte man jedoch stets wieder die Einfachheit und Natürlichkeit als oberstes Gebot für jegliche technische Anwendungen betrachten und Geräte für Raumklimaverbesserungen nur dann einsetzen, wenn ihre heilvolle Wirksamkeit durch praktische Erfahrungen eindeutig bewiesen werden können.

Die Auswertung dieser Vergleichstabelle, welche quantitative und qualitative Kriterien beinhaltet, kann mit Hilfe des Punktesystem-Verfahrens (oder durch + und –) erfolgen. Mein Buch «WIE KANN ICH MIT SONNENENERGIE HEIZEN?» enthält zusätzlich etwa 100 Beurteilungskriterien, was die Nutzung der Sonnenenergie für Raumheizung, Warmwasserbereitung und Schwimmbadheizung anbetrifft.
Zusammenfassend können wir feststellen, dass die Haustechnik ihre vielfältige Rolle im Hause nur dann optimal erfüllen kann, wenn ihre Funktionen biologisch und technisch den echten, menschlichen Bedürfnissen entsprechen. Diese Notwendigkeit kann nur dann befriedigt werden, wenn die Technologie harmonisch und ganzheitlich in die Architektur integriert wird.
Haustechnik darf nicht nur ein Problem der Techniker sein, auch Architekt und Bauherr müssen sich darüber Gedanken machen.
Nur durch die harmonisierte Zusammenarbeit zwischen Architekt, Ingenieur und Bauherrschaft ist es möglich, eine wirklich humane Haustechnik zu realisieren, die dem Bewohner des Hauses echten biologischen Komfort mit möglichst geringem Energiebedarf sichert.

Tabelle 43

Die 20 Beurteilungskriterien für die optimierte biosolare Haustechnik

	Projekt 1	Projekt 2
– Sind Baustoffe, Baukonzept und Haustechnik harmonisch aufeinander abgestimmt? – Erlaubt die Heizanlage eine grossflächige Strahlungsheizung ohne starke Luftzüge und Staubaufwirbelung? – Kann das Heizsystem günstig reagieren, wenn plötzlich direkte Solarstrahlung in den Raum fällt? – Zeigen die Berechnungen, dass die Lufttemperatur von 20 °C durch eine ähnlich hohe direkte oder indirekte Erwärmung der Wände und Böden möglichst im Niedertemperaturbereich erfolgen kann? – Wird die eventuell notwendige teure elektrische Energie während des günstigeren Nachttarifes oder im Tageshochtarif benützt? – Kann man jetzt oder auch später dem System Sonnenkollektoren und Wärmespeicher optimal beifügen? – Hat die Heizanlage ein relativ einfaches Regulierungssystem? – Ermöglicht das Heizsystem eine räumlich selektive Heizstrategie? – Ist die Verbrennung von Abfallprodukten (Holz usw.) möglich? – Kann die Wärmeerzeugung (Krisenzeiten) durch verschiedenartige Brennstoffe erfolgen? – Stellen die verschiedenen Elemente des Heizsystems keine Gefahr für die Umwelt dar? – Können Reparaturen wenn nötig problemlos erfolgen und hat die Anlage eine genügend hohe Lebensdauer? – Wieviel Energie pro Jahr kann durch die kostenlose Sonnenenergie in ihrer direkten und indirekten Form genützt werden (in kWh)? – Wieviel gewöhnliche Fremdenergie – Holz, Gas, Öl usw. – benötigt die Heizanlage (in kWh)? – Wieviel elektrische Energie benötigt die Heizanlage pro Jahr (in kWh)? – Wie hoch sind die Jahreskosten der Fremdenergien? – Sind und werden die vorgesehenen Fremdenergien problemlos vorhanden sein? – Kann die Kaminanlage auch Heizfunktionen erfüllen und Warmwasser erzeugen? – Wurden die Anlagekosten ökonomisch optimiert? – Sind Leitungsführungen und Geräteplazierung der Heizung, Sanitär- und Elektroinstallationen energietechnisch und biologisch verantwortbar?		
Total Auswertungspunkte:		

6. Das Biosolar-Bauprinzip oder ein naturgerechtes Systemkonzept für den Sonnenhausbau

Die Biosolar-Architektur

Bereits vor Erscheinen dieses Buches wurden in Amerika einige Versuche unternommen, um die Energie der Sonne mit Hilfe verschiedener sogenannter «passiver Massnahmen» möglichst einfach und direkt zu nutzen. Bei all diesen Bestrebungen wurde jedoch die Solarstrahlung allein durch ihre wärmetechnischen Aspekte in Betracht gezogen und das Vorhandensein einer unsichtbaren totalen kosmischen Strahlungsumwelt vollständig ausser acht gelassen. Auch der Wohnkomfort der Hausbewohner wurde nur in Gradtemperaturen gemessen, statt die echten ganzheitlichen biologischen Komfortbedürfnisse des Menschen zu berücksichtigen. Es war den Planern noch nicht bewusst, dass technische Wärmeenergie nur ein kleiner Teil der globalen Lebensenergien darstellt, welche der Mensch unbedingt braucht, um gesund und vital zu bleiben.

Nach langjährigen theoretischen und praktischen Forschungsarbeiten hat der Autor den schon erwähnten neuen Begriff «Biosolar» kreiert. Dieses neugeschaffene Wort bezeichnet eine wissenschaftlich erforschte und bereits praktisch angewendete Bauphilosophie, deren Grundgedanke die naturgerechte Harmonisierung zwischen solartechnischen und baubiologischen Notwendigkeiten ist. Der Ausdruck «Biosolar» weist darauf hin, dass ein wirklich humaner Sonnenhausbau nicht nur technologische Quantitäten, sondern auch biologische Qualitäten braucht, um die echten Bedürfnisse des Menschen in seinem Wohnbereich möglichst weitgehend erfüllen zu können.

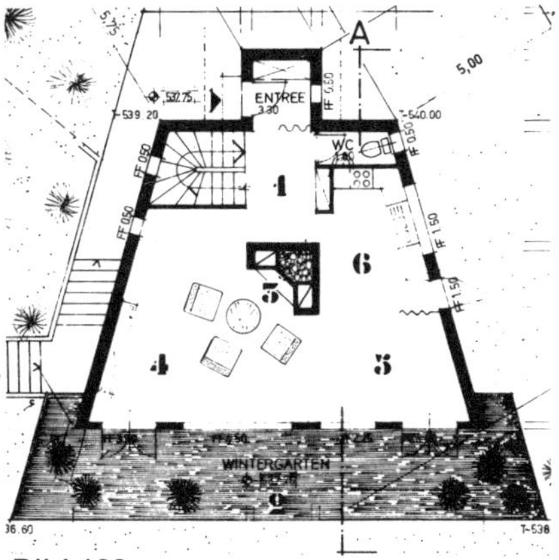

Bild 103
Weit offene Südfassade mit Wintergarten, kompakte Plangestaltung mit thermischen Pufferzonen sind massgebend für das Biosolarhaus Hälg (Architekt: P. R. Sabady)

Das Biosolar-Bauprinzip ist ein ganzheitliches Energie-Architekturkonzept, in welchem Solartechnik und Baubiologie eine gleich wichtige und harmonisierte Rolle spielen sollen. Das in der Zentralschweiz erstellte «Biosolar-Modul H 1» wurde weitgehend nach den erwähnten Grundprinzipien konzipiert und mit einigen unvermeidlichen Kompromisslösungen durch Eigenleistungen der Familie H. realisiert. Selbstbau spart nicht nur Baukosten, sondern ermöglicht auch das Entstehen einer Harmonie zwischen dem Bauherrn und seinem Haus, die bei der Ausführung durch Fremde nie erfolgen kann. Die wichtigsten Qualitäten eines biosolaren Sonnenhauses sind die folgenden:

- Die von der jeweiligen Standorttopographie gebotenen Energiesparmöglichkeiten müssen ausgeschöpft werden.
- Die horizontalen Raumabschlusselemente wie Decken und Dach soll-

Bild 104
Mehrere Tonnen Steine beinhaltet das Zentral-Kamin des Biosolarhauses, welches als Speicher für die durch Luftkollektoren gewonnene Sonnenenergie dient
(Architekt: P. R. Sabady)

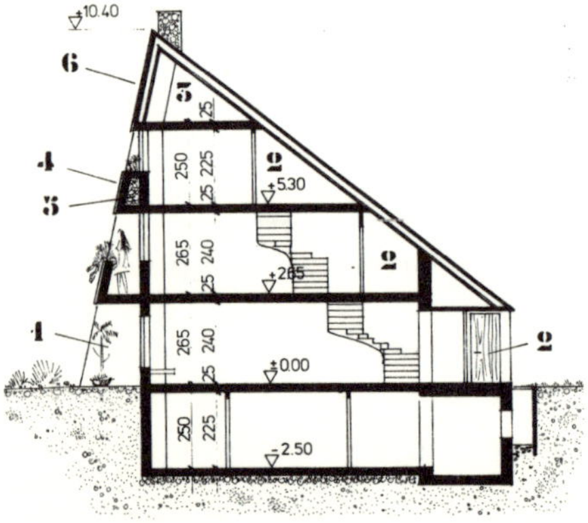

Bild 105
Querschnitt durch das Biosolarhaus V.
(Architekt: P. R. Sabady)
1 Wintergarten
2 Thermische Pufferzone (Nord)
3 Dachpuffer
4 Sonnenkollektoren
5 Speichermasse
6 Ziegeldach

ten möglichst aus natürlichen Baustoffen konzipiert werden, die günstig gegen eventuelle Erdstrahlen wirken, kosmische Mikrowellenstrahlungen durchlassen, keine sekundären Schauerstrahlen erzeugen und auch keinen Faraday-Käfig darstellen.

- Aussenwände und Dacheindeckung müssen vorwiegend aus biologisch atmungsfähigen Baustoffen konzipiert sein, die wiederum keine elektromagnetischen Anomalien im Haus erwirken.
- Extrem kompakte Plangestaltung mit horizontalen und vertikalen thermischen Pufferzonen ermöglichen Energieeinsparungen und vermindern die Bau- und Unterhaltskosten des Hauses.
- Weitgehend natürliche Nutzung der Sonnenenergie durch bauliche Massnahmen sowie technisch und biologisch verantwortbare Integrierung der Sonnenkollektoren.
- Die Wärmeabgabe des Heizsystems soll vorwiegend durch Strahlungswärme erfolgen und die haustechnischen Anlagen und Geräte sollten das interne Raumklima nicht negativ beeinflussen können.
- Ein Biosolarhaus kann einen sehr beschränkten Fremdenergiebedarf aufweisen, welcher je nach Konzept und Ausführung 2–4mal kleiner sein kann als für gewöhnliche Bauten, wobei die Möglichkeit besteht, nur mit Inlandenergien wie Sonne und Abfallholz, auch bei tiefsten Aussentemperaturen, heizen zu können.

Die immer zahlreicher werdenden Anwendungen des Biosolar-Bauprinzips in der Architektur beweisen die Notwendigkeit, die Pionierleistungen der modernen Solartechnik mit den Erfahrungen der traditionellen Bioarchitektur in Einklang zu bringen. Nur dieses ständige Suchen nach der Harmonie zwischen dem natürlichen spezifischen Mikroklima des Ortes und der Bautechnik des Gebäudes kann ermöglichen, Häuser zu bauen, die die echten Bedürfnisse der Bewohner so weitgehend als es die jeweilige Situation erlaubt, erfüllen. Die Anstrengungen für ein ganzheitliches architektonisches Denken bezüglich der Anpassung an das regionale Klima, Baustoffauswahl, Bauelementkonzept und humane Haustechnik, gepaart mit der Bestimmung von lebensgerechten Formen werden ermöglichen, immer bessere und preisgünstigere Biosolarhäuser zu konzipieren, und dies nicht nur im Bereich von kleineren Wohnanlagen, sondern auch für grössere Kollektivbauten mit verschiedensten Verwendungszwecken.

Bild 106
Durch angepasste Farbgebung können auch grössere Solar-Fassaden relativ harmonisch in die Umgebung integriert werden, wie beim «Micafil»-Sonnenhaus, welche eine teilweise Anwendung des Biosolar-Bauprinzips ermöglichte.

Bild 107
Die vollständig geschlossene Nordfassade des «Biosolar-Moduls H 1» senkt den Energiebedarf wesentlich (Architekt: P. R. Sabady)

7. Kann ein Sonnenhaus autonom sein? oder die Kunst der Selbstversorgung

Bild 108
Das Raumschiff Erde ist weitgehend energieautonom. Sein Energiebedarf wird durch interne Wärme und Solarstrahlung gedeckt.

Der falsche Glaube, dass der Mensch die Freiheit habe, auf der Erde das zu tun oder zu lassen was er will, hat schon riesige Schäden an Natur und Zivilisation verursacht. Verbetonierte Landschaften der Profitarchitektur, Autobahnen, Parkplätze und Energieanlagen, ausgerottete Tierarten, das Verschwinden von Wald und Ackerland, verpestete Luft, Wasser und Lebensmittel sind nur einige Aspekte der Weltzerstörung durch «Freiheit», worunter Profitgierige nur die Freiheit des Geldverdienens um jeden Preis und auf Kosten anderer verstehen. In diesem Sinne ist die Freiheit unnatürlich, denn jeder auch nur ein wenig vernünftige Mensch weiss in seinem tiefsten Inneren, dass er von etwas Höherem unvermeidlicherweise abhängig ist. Er kann sich trotz der zahlreichen intellektuellen Illusionen nur für kürzeste Zeit «befreien», um danach einen noch höheren Preis für seine illusorische «Freiheit» zu bezahlen. Seit Jahrhunderten weiss man, dass in Wirklichkeit nicht die Erde dem Menschen, sondern der Mensch der Erde gehört, und das ist die seit Urzeiten bekannte Grenze seiner Freiheit.

Ebenso unnatürlich ist jedoch auch die Tatsache, dass einzelne Menschen durch eine zentralisierte, oft menschenfeindliche und naturwidrige Wirtschaftsmacht ihre Mitmenschen zu beherrschen versuchen. Besonders im Bereich der Energieindustrie ist seit Anwendung der gefährlichen und teuren Grosstechnologien die Bestrebung für eine zentralisierte technokratische Machtstellung sehr auffallend. Man propagiert zum Beispiel unlogische und kostspielige Fernheizungen, um den Bürgern durch Anschlusszwang unvernünftige Abfallenergien verkaufen zu können, obwohl man weiss, dass die Benützung von umweltzerstörenden Energiearten nur eine ganz kurze Episode in der Geschichte der Menschheit darstellen wird. Auf lange Sicht betrachtet hat nur die für humane Verhältnisse optimierte, natürlicherweise dezentralisierte Sonnenenergie eine Zukunft, weil sie für alle Völker der Erde ohne umweltzerstörende Effekte immer zur Verfügung steht.

Autonomes Haus als Lebensphilosophie

Die Bestrebung, zentralisierten Wirtschaftsmächten möglichst weitgehend entgegenzuwirken, findet ihren architektonischen Ausdruck im sogenannten «autonomen Haus». In mehreren Ländern, besonders aber in angelsächsischen Staaten, wo Pioniergeist und Freiheitsliebe zur Tradition des Volkes gehören, wurden Versuche unternommen, Häuser zu bauen, die eine möglichst weitgehende Selbstversorgung in den verschiedensten Lebensbereichen gestatten.

Um diesen berechtigten Wunsch einer gewissen Autonomie im Leben im allgemeinen und im Wohnbereich im besonderen zu erfüllen, wird die Durchführung der folgenden wichtigsten Massnahmen angestrebt:

7.1. Autonome Heizenergie-Erzeugung

Bild 109
95 % des Heizenergiebedarfs wird durch Solarstrahlung gedeckt für ein nahezu autonomes Sonnenhaus unter nordamerikanischen Klimaverhältnissen

Durch direkte und indirekte Nutzung der Sonnenenergie kann man für ein richtig konzipiertes Haus, welches nur den echten Wärmebedarf der Menschen zu decken sucht, eine sehr weitgehende Autonomie sogar unter nördlichen Klimabedingungen erreichen. Fast vollständig heizenergieautonome Häuser wurden bereits vielerorts erstellt. Es ist besonders wichtig, durch bauliche Massnahmen und durch persönliche Bedarfsbeschränkungen die Heizenergiemengen in Abhängigkeit der Klimafaktoren möglichst minimal zu halten.

Wärmerückgewinnung, Einsatz von Heizanlagen mit Abfallholzverfeuerung, **Holzgasgeneratoren,** Wärmepumpen sowie die Verwertung von Abfällen durch Biogasanlagen gehören neben der direkten Sonnenenergienutzung zu den wichtigsten Energiesparmassnahmen.
Mittels geeigneter Vergasung kann 80–90 % der im Holz schlummernden Energie in Form von Holzgas gewonnen werden. Bei rationeller Verbindung von Motoren, Generatoren und Wärmepumpen kann die Ausnützung nahezu 100 % betragen (Abfall nach der Vergasung 0,5 Volumenprozente). Die Holzqualität spielt bei der Vergasung nur eine untergeordnete Rolle. Sämtliches Abfallholz kann verwendet werden, jedoch kein Sägemehl. Je nach Grösse und Leistung des Vergasers können Querschnitte von 1–12 cm und Längen bis zu 25 cm benützt werden. Energiemässig entsprechen etwa 3 kg Holz 1 kg Heizöl.
Holzgasgeneratoren werden meistens zur Warmwasserbereitung und für Raumheizung eingesetzt. Auch Kombinationen mit Dampfturbinen, elektrischen Generatoren, Wärmepumpen und Gas- oder Stirlingmotoren sind möglich, wobei auch Strom erzeugt werden kann. Die verschiedenen Systeme können kombiniert oder einzeln verwendet werden.

Zusatzheizung mit Abfallholz

Wenn man neben der Solarstrahlung als Zusatzenergie Holz verwenden will, sollte man möglichst nur Abfallholz für die Verbrennung oder für die Vergasung einsetzen, da Holz auf unserer Erde naturbedingt nur in begrenzter Menge vorhanden ist.

Die **Wärmepumpe** ist ein Heizsystem, das Wärme von einem niedrigen, unbrauchbaren Temperaturniveau auf ein höheres und damit brauchbares transportieren kann. Die Wärmepumpe arbeitet nach dem Prinzip einer umgekehrten Kälteanlage, ihr Kompressor wird heute noch meistens durch eine hochwertige und teure Energie wie Netzstrom oder Erdgas angetrieben. Für die Raumheizung mit Wärmepumpen wird bei den

heutigen Wirkungsgraden etwa ein Viertel bis ein Drittel Energie für den Betrieb der Pumpe benötigt, wie auf der warmen Seite zur Benützung anfällt. Als Wärmequellen kommen fliessende Gewässer, Grundwasser, Bodenwärme, Abwässer und Sonnenkollektoren in Frage, deren Temperatur nicht einmal 5 °C sein muss. Wärmepumpen sind besonders wertvoll für die Energierückgewinnung aus dem Haushaltabwasser. Die Energieentziehung aus natürlichen Gewässern und aus der Gartenlandschaft kann oft zu biologischen Schäden führen. In optimaler Form sollte eine Wärmepumpe ihre Antriebsenergie aus gespeichertem Solarstrom, Biogas oder Abfallholzgas beziehen können.
Das autonome «Zero-Energie-Haus» in Lingby (Dänemark) von 120 m² Wohnfläche verbraucht für die Zusatzbeheizung jährlich etwa 730 kWh Fremdenergie für den Antrieb der Wärmepumpe und für den Solarwärmetransport.

Bild 110
Altes Windrad zur Erzeugung mechanischer Energie

7.2. Autonome elektrische Stromerzeugung

Mit Hilfe von Windgeneratoren, Solarzellen, Brennstoffzellen und Wärme-Kraft-Koppelung kann man auch Strom dezentralisiert herstellen. Die unvermeidliche Notwendigkeit ist auch in diesem Fall, den Bedarf möglichst tief zu halten. Projekte in den USA und in Frankreich zeigen, dass die Möglichkeit besteht, den Strombedarf für eine vierköpfige Familie auf unter 1000 kWh pro Jahr einzuschränken. (Der sparsame «Normalbedarf» ist etwa 4 kWh/Tag, bei einer Spitzenleistung von etwa 2000 Watt.)
Die Berechnungen ergaben auch, dass der Energieverbrauch für Licht, Radio, TV sowie Musikanlage auf ungefähr 860 A · h (unter 24 Volt Gleichstrom) reduziert werden kann.

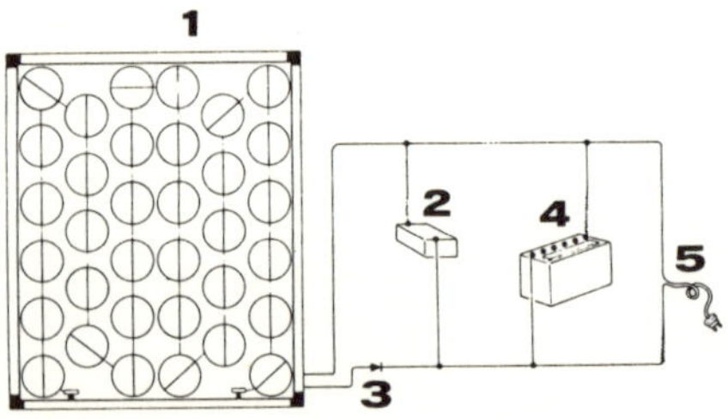

Bild 111
Solarzellen wandeln Lichtstrahlen direkt in elektrischen Strom um, den man auch speichern kann
1 Solarzelle
2 Steuerung
3 Diode
4 Batterie
5 Netzanschluss

Windenergie ist auch eine Form von Sonnenenergie. Die Nutzung des Windes zur Erzeugung mechanischer Energien ist seit Jahrtausenden bekannt. Je nach klimatischer Lage können Windgeneratoren einen wertvollen Beitrag für die weitgehend dezentralisierte und autonome Stromversorgung eines Hauses leisten. Als Grossanlage sind Installationen im Betrieb, die bereits Leistungen über 250 kW erbringen können.
Für den Einfamilienhaus-Bedarf sind Installationen von 50 Watt bis 6 Kilowatt und mehr Leistung auf dem Markt. Die Speicherung der Energie erfolgt in Batterien, die meistens eine Mindestkapazität von etwa 200 bis 600 Ah aufweisen müssen.

Die **Solarzellen** sind heliovoltaische Sonnenkollektoren, die das Sonnenlicht direkt in elektrischen Strom umwandeln.

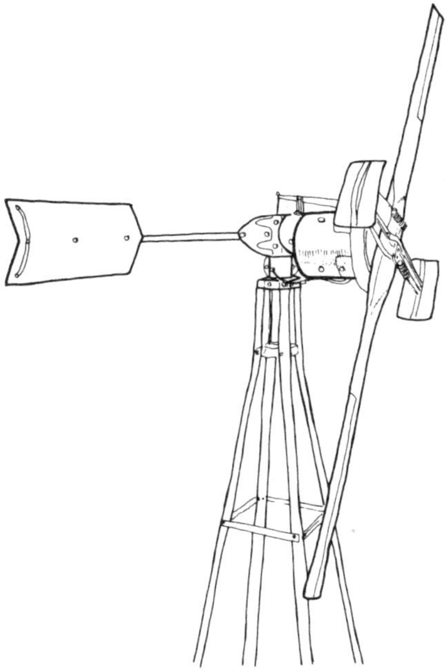

Bild 112
Moderner zentrifugaler Windgenerator von 200 Watt Leistung erzeugt elektrischen Strom

Tabelle 44
Leistungszahlen bei Stromerzeugung durch einen Aerowatt-Windgenerator bei verschiedenen Windgeschwindigkeiten

Windgeschwindigkeit in m/s	Elektrische Leistung in kW	Windgeschwindigkeit in m/s	Elektrische Leistung in kW
1	0	6	0,77
2	0	7	1,1
3	0	8	1,1
4	0,22	9	1,1
5	0,47	10	1,1

Tabelle 45
Jahresproduktion von elektrischem Strom durch Windgeneratoren bei ortsabhängigen mittleren Windgeschwindigkeiten
(nach Chareyre)

Mittlere Windgeschwindigkeit in m/s	Jahresenergiemenge in kWh	Mittlere Windgeschwindigkeit in m/s	Jahresenergiemenge in kWh
2,84	2050–2660	6,63	6000–7300
4,50	2840–4050	9,80	7450–7500

Die ersten im Jahre 1954 gebauten Solarzellen arbeiteten mit einem Wirkungsgrad von 4 bis 6 % und bestanden aus sehr dünnen Siliciumplättchen. Moderne Solarzellen mit kristallinem Silicium ermöglichen Wirkungsgrade von 18 bis 20 %.
Als Alternative zu Silicium werden eine ganze Reihe von Halbleiterstoffen für die Fabrikationsprozesse eingesetzt. Drei-Zellen-Systeme (Tandemsysteme) mit Konzentration erreichten bereits einen Wirkungsgrad von 28,5 % (Moon/Varian), theoretisch kann man mit diesen Methoden sogar 50 % erreichen. Heliovoltaische und heliothermische Kollektoren sind auch kombinierbar, wobei je Quadratmeter Fläche etwa 0,25 kWh/Tag elektrische Energie (bei 100 Watt) und 1,5 kWh/Tag Niedertemperaturwärme (bei 500 Watt) lieferbar ist.

Die **Brennstoffzelle** dient zur direkten Umwandlung von chemischer Energie in Elektrizität bei konstanter Temperatur. Die klassische Brennstoffzelle wird mit Wasserstoff und Sauerstoff betrieben, wobei die Hilfe eines

Tabelle 46

Mögliche Kombinationen zur Erzeugung von Elektrizität mittels Holzgasgeneratoren und Gasmotoren

(nach P. Hug)

Holzgasgenerator Kapazität GJ/h	kcal/h	Gas Nm³/h	Holz kg/h	Gasmotor Leistung PS	kW	Generator Leistung kW	kVA
7,3	1 750 000	1300	445	730	535	500	625
6,3	1 500 000	1100	380	630	460	430	540
5,2	1 250 000	925	320	525	385	360	450
3,5	850 000	620	215	355	260	243	300
2,5	600 000	445	155	250	180	168	210
1,7	400 000	300	105	165	120	110	140
1,0	250 000	185	65	100	73	66	82
0,6	150 000	115	40	65	48	43	53
0,5	120 000	90	32	50	35	32	38
0,4	95 000	70	25	40	30	27	33
0,3	75 000	55	20	30	22	20	25

Katalysators notwendig ist. Bei einer kontinuierlichen chemischen Reaktion wird elektrischer Strom freigesetzt. Mit einer modifizierten Konstruktion kann anstelle von reinem Sauerstoff gewöhnliche Luft verwendet werden. Andere Typen von Brennstoffzellen arbeiten mit Kohlenwasserstoffen, Hydrazin oder Kohlenmonoxid. Traumziel der Forscher ist eine Brennstoffzelle, die mit Kohle gespiesen werden könnte.

Die dezentralisierte elektrische Stromerzeugung hat Möglichkeiten und Zukunft

Bei einer **Wärme-Kraft-Koppelungsanlage** wird durch Einsatz von Diesel- oder Gasmotoraggregaten (Biogas, Holzgas oder Erdgas) gleichzeitig Wärme und elektrischer Strom erzeugt. Heutzutage werden solche Installationen meistens für Reihenhausgruppen eingesetzt; nach Meinung der Spezialisten jedoch könnte sogar prinzipiell ein Zimmerofen mit Wärme-Kraft-Koppelung gebaut werden.

Die technischen Möglichkeiten für eine weitgehend dezentralisierte und relativ autonome Stromerzeugung sind bereits heute gegeben, man erwartet jedoch wesentliche Kostensenkungen in den nächsten Jahren.

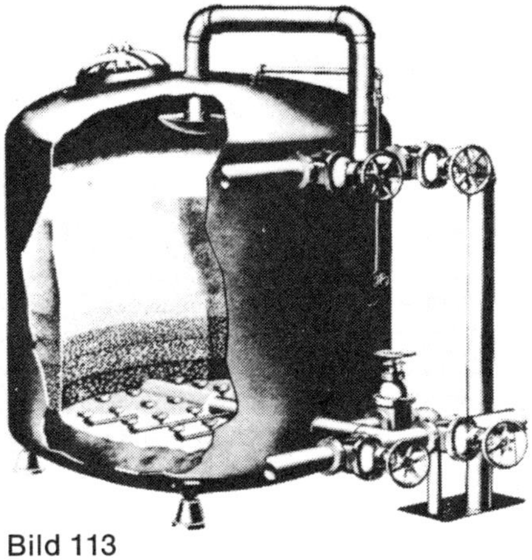

Bild 113
Filtergerät zur autonomen Wasseraufbereitung
(Dok. Crane)

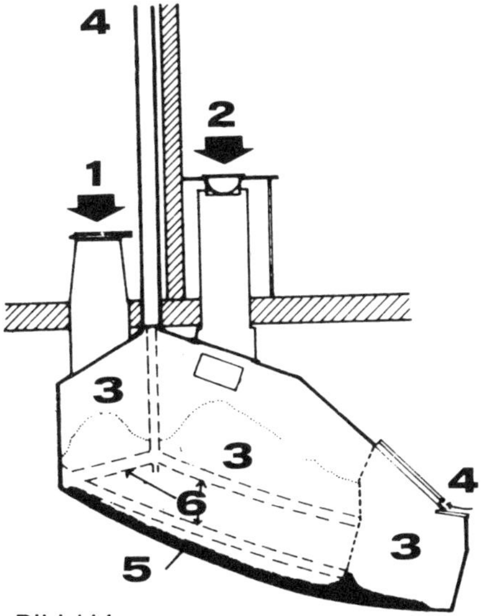

Bild 114
Kompostaufbereitung durch Nutzung hausinterner organischer Abfallprodukte
1 WC
2 Küche
3 Behälter-Volumen
4 Belüftung
5 Erdschicht
6 Luftleitungen
(System Clivus)

7.3. Autonome Wasserversorgung

Durch Sammlung und Aufarbeitung des Regenwassers kann ein Haus auch mit Wasser zum Waschen, Kochen und Trinken versorgt werden. Wie die Forschungen an der Universität von Cambridge gezeigt haben, kann aus Regenwasser durch Sterilisation in einem mit Silberionen imprägnierten Filter Trinkwasser aufbereitet werden. Im Falle von Schwermetallkombinationen muss das Regenwasser zuerst mit Hilfe von Sonnenenergie destilliert werden. Die Anlage sollte die Bereithaltung von drei verschiedenen Wasserarten erlauben, zum Trinken und Kochen, zum Waschen und zur Spülung der Toiletten. Trinkwasser kann auch durch Sand- und Kiesfilter – mit Hilfe von Bakterien – aufbereitet werden. Das Regenwasser, welches zuerst für Bade- und Waschzwecke benützt wird, kann anschliessend noch als WC-Spülwasser dienen. Die Wärmeenergie des Badewassers kann man durch einfache Massnahmen für Heizzwecke zurückgewinnen.
Das Sammeln und Verwenden von Regenwasser zur Gartenbewässerung ist auch ein wichtiges Anliegen, um das relativ teure und sehr, sehr wertvolle Trinkwasser sparen zu können.

7.4. Autonome Lebensmittelversorgung

Wenn genügend Platz vorhanden ist, besteht die Möglichkeit einer relativ weitgehenden Selbstversorgung einer Familie. Vor nicht einmal so entfernter Zeit bedeuteten die kleinen Gemüsegärten vor dem Haus noch einen echten Beitrag zum Lebensunterhalt einer Familie. Mit Hilfe von selbsterzeugtem Dünger aus Abfallprodukten sowie durch die Nutzung der Sonnenenergie in Treibhäusern kann der Bewohner eine – besonders für Krisenzeiten – wertvolle relative Unabhängigkeit der Ernährung seiner Familie erlangen. Wenn man biologisch hochwertige Lebensmittel verwendet, kann der Bedarf pro Kopf mit 2000–2500 kcal angegeben werden. Eine totale Selbstversorgung ist möglich, wenn man eine Landfläche von etwa 7000 m^2 hat, wovon 1000 m^2 für Getreide, 500 m^2 für Gemüse und 5500 m^2 zur Tierhaltung (Schafe und Hühner) reserviert werden.

7.5. Autonome Abfallbehandlung

Organischer Abfall aus Haus, Stall und Garten kann in einem Verdauungstank behandelt werden. Diese sogenannten Biogasanlagen erzeugen Methangas, welches für Heizzwecke benützt werden kann. Der Schlamm wird von Zeit zu Zeit abgepumpt und an der Luft zu biologisch wertvollem Dünger kompostiert. Der Gasbedarf für Kochzwecke variiert zwischen 1 bis 2 m³ pro Tag. Ein Behälter von 3-m³-Volumen kann bei fortwährender Herstellung 0,5 m³ Gas bei 15 °C und 6 m³ bei 36 °C pro Tag liefern. Für die Beheizung der Anlage selbst werden oft etwa 10–20 % des erzeugten Gases verwendet, um durch Vorwärmung eine höhere Energieerzeugung zu erzielen.

Biogas-Erzeugung

Biogas, welches 70 % Methan und 30 % Kohlendioxid enthält, wird auch Faulgas oder Klärgas genannt. Es ist ein Gasgemisch, welches bei Abbauprozessen organischer Stoffe (Mist, Kraut, Stroh usw.) unter Luftabschluss und Mitwirkung von Mikroorganismen (Methabakterien) entsteht. Das so erzeugte Naturgas hat einen Heizwert von etwa 6450 bis 7190 kcal/m³ (Stadtgas hat meistens nur 4400 kcal/m³!) und kann neben Gasherd und Warmwasserbereiter sogar einen Kühlschrank oder Moto-

Tabelle 47

Verfügbare Grundstoffmengen für die Biogas-Herstellung
(nach Fry)

Kuh	38–60 kg/Tag	Schaf	0,6–1,8 kg/Tag
Pferd	7–20 kg/Tag	Mensch	1,0–1,2 kg/Tag
Schwein	3–11 kg/Tag	Geflügel	0,1–0,27 kg/Tag

Tabelle 48

Biogasmengen aus verschiedenen Grundstoffen bei 30 °C
in Litern/kg organische Materie
(nach Reinhold)

Herkunft und Beschaffenheit der organischen Materie	Spezifische Gaserzeugung	CH_4-Gehalt in % des Vol.	unterer Heizwert (kcal/m³)
Festmist der Kuh	315	80,2	6860
Vollmist der Kuh	342	75,5	6450
Festmist des Schweins	415	80,8	6910
Weizenstroh	367	78,5	6710
Weizenstroh 3 cm	383	80,2	6860
Weizenstroh 0–2 mm	423	81,3	6950
Klee	445	77,7	6650
Gras	557	84,0	7190
Futterrübenblatt	496	84,0	7190
Zuckerrübenblatt	501	84,8	7250
Kartoffelkraut	606	74,7	6380
Maiskraut	514	83,1	7110

ren mit Energie versorgen. Die Erzeugung des Gases erfolgt in einem gut abgedichteten und isolierten Behälter bei einer optimalen Temperatur von 25–30 ° C. Aus 10 kg Mistabfall kann man etwa 1 m^3 Biogas erzeugen. Die Energieversorgung mit Biogas ist besonders bei Häusern in landwirtschaftlichen Gebieten sehr interessant.

Autonome Architektur – die Baukunst für morgen

Bei der Planung von autonomen Häusern muss man stets eine möglichst weitgehende natürliche Einfachheit der angewandten Techniken anstreben. Jede bauliche oder technische Massnahme sollte nicht nur auf ihre quantifizierbare technologische Wirkung bezüglich Energieeinsparung und Autonomie untersucht werden, sondern auch auf ihre qualitativen Effekte betreffend die Umwelt und die Gesundheit der Bewohner. Unter einer solchen ganzheitlichen Betrachtungsweise wird die Planung von autonomen biologischen Sonnenhäusern ganz bestimmt einen wichtigen Platz in der Architektur unserer nächsten Zukunft einnehmen.

Nachwort
oder wie man die guten Vorsätze verwirklichen sollte

Nachdem die Begriffe Natur und Tradition sowie Lebensgerechtigkeit und Energiesparen so oft erwähnt und miteinander in Verbindung gebracht worden sind ist es notwendig, einen Schlussgedanken besonders hervorzuheben. Wir dürfen uns trotz vieler Vorteile der Bautradition nicht von einem nostalgischen «Zurück zur Natur» verführen lassen; die Meinung, dass in den «guten alten Zeiten» was Bauen und Wohnen anbetrifft alles schön, gut und fehlerlos war, ist falsch. Die Bautradition sollte uns kein kopierfähiges Vorbild darstellen, sondern ein zum Nachdenken anregender Erfahrungsschatz für die Erarbeitung neuer Lösungen sein.

Statt Nostalgie brauchen wir ein optimistisches «Vorwärts zur Natur» in der Architektur

Ein optimistisches «Vorwärts zur Natur» unter Berücksichtigung unserer oft wunderbaren technischen Errungenschaften sollte das Ziel aller planerischer Bemühungen sein. Wir müssen lernen, die modernen Techniken und neu entwickelten Baustoffe endlich lebensgerecht zu gestalten und zu nutzen, denn nur auf diese Weise können wir ein ganzheitlich befriedigendes, zeitgemässes und kultiviertes Bauen mit Hoffnung auf Erfolg anstreben. Eine natürliche und humane Baukunst zu definieren, die durch ihre Harmonie zwischen Tradition und moderner Technik gleichzeitig gesund, umweltgerecht und energiesparend sein wird, liegt eindeutig in der Möglichkeit unserer Epoche. Planer und Bauherren müssen jedoch die grosse Bedeutung dieses Anliegens endlich wahrnehmen und alles unternehmen, um Bauten zu erstellen, welche die ganzheitlichen Bedürfnisse des Einzelnen und der Zivilisation zu erfüllen imstande sind.

Literaturverzeichnis

AGU: Umdenken – Umschwenken, AGU-Verlag, Zürich 1975.
Aktuelles Bauen, Zürich 6/1979.
Arbeitsgruppe: Gesundes Bauen, gesundes Wohnen, Selbstverlag, Rosenheim, 2. Auflage 1974.
Alves-Milligan: Living with Energy, Penguin, New-York 1978.
Ayoub R.: Natürliche Klimatisierung, DGS-Konferenz, München 1976.

Backe H.: Baustoffe, VEB-Verlag, Berlin 1976.
Balkowski F.: Wärmedämmend bauen. Bauverlag, Wiesbaden 1976.
Bardou-Arzoumanian: Archi de Terre, Paranthèses, Roquevaire 1978.
Bardou-Arzoumanian: Archi de Soleil, Paranthèses, Roquevaire 1978.
Bardou-Arzoumanian: Archi Bio, Paranthèses, Roquevaire 1980.
Bauen und Wohnen: Nr. 7/8 1977 und 1/2 1979, Zürich 1977 und 1979.
Bonzel: Wohnen in Betonbauten, Beton-Verlag, Düsseldorf 1976.
Brunner U.: Das Fenster als Sonnenkollektor, Solaria, Brugg 1978.

Chareyre R.: La maison autonome. Ed. Alternative, Paris 1978.

Deunov: Dans le royaume de la nature vivant. Courrier du Livre, Paris, 3. Auflage 1966.
Dezentrale: Alternativ-Kataloge 1-2-3, Porrentruy 1978.

Emrich H.: Gesundheit durch Bioelektrizität, Drei-Eichen Verlag München, 2. Auflage 1968.
Engelbrektson S.: Sterne und Weltall, Goldmann, München 1978.
Eichler F.: Bauphysikalische Entwurfslehre, VEB-Verlag, Berlin 1970.
Eisenschink A.: Falsch geheizt ist halb gestorben, Hirthammer, München, 2. Auflage 1975.
Eugster-Hess: Die Weltraumstrahlung und ihre biologische Wirkung. Orell Füssli, Zürich 1940.

Fisher, Yanda: Solar Greenhouse, Muir, Santa Fee, 3. Auflage 1977.
Fleischer H.: Ärger vermeiden beim Hausbau, Rationelles Bauen, Dortmund 1977.

Gac P.: Habitats, Ed. Alternatives, Paris 1978.
Grandjean/Huser/Suchantke: Physiologische Grundlagen des Wohnungsbaues, Bern 1971.
Grin-Dubouloz: La serre, element d'architecture solaire, Selbstverlag, Lausanne 1978.
Gros H.: Braunes Gift, Die Zeit Nr. 11, 10. 3. 1979.

Hartmann E.: Krankheit als Standortproblem, Haug, Heidelberg 1970.
Henne M.: Warum ist Beton ungesund? Reform-Diät 4/1979.
Henne M.: Bauen wir uns krank? Vita sana, Lugano, 1/1979.
Hottinger/Imhof: Wärmeisolierung, SDV, Zürich 1945.

King S.: Manuel de l'énergie des Pyramides, Ed. Feu Vert, Montreal 1977.
Köhnlechner M.: Man stirbt nicht im August. Droemer, München 1976.
König H.: Unsichtbare Umwelt, Eigenverlag München, 2. Auflage 1977.
Kopp J.: Boden und Mensch, Imago-Mundi-Verlag, Innsbruck 1972.
Kripner/Rubin: Lichtbilder der Seele, Scherz, Bern 1975.
Kutter M.: Vorwärts zur Natur, Niggli-Verlag, Niederteufen 1977.

Lambert/Creuze: Etudes sur les influences cosmiques, Paris, 2. Auflage 1947.
Laub E.: Einführung in die Radiasthesie, SIR-Verlag, Binningen 1975.
Lotz K.: Willst du gesund wohnen? Eigenverlag, Biberach, 2. Auflage 1977.
Lüscher E.: Handbuch der modernen Physik. Ex-Libris, Zürich 1978.

McCullagh C.: The Solar Greenhouse Book, Rodale Press, Emmaus 1978.
Merinsky J.: Hochbau, Denticke, Wien 1949.
Moritz K.: Richtig und falsch, Bauverlag Wiesbaden 1965.

Neufert E.: Bauordnungslehre, Ullstein, Frankfurt 1961.

Palm H.: Das gesunde Haus, Ordo-Verlag, Dettingen, 5. Auflage 1975.
Peters P.: Blumenfenster, Callwey, München 1957.
Plenar: Planung – Energie – Architektur, Niggli-Verlag, Niederteufen 1975.
Pohl v. G. F.: Erdstrahlen als Krankheitserreger, Hubers-Verlag, München 1932.
Pollack-Richter: Technik des Lehmbaues, Verlag Technik, Berlin 1952.
Primault B.: Klimatechnische Grundlagen für eine naturgerechte Architektur, Solaria, Brugg 1978.

Reinders: Mensch und Klima, VDI, Düsseldorf 1969.

Sabady P.: Haus und Sonnenkraft, Helion-Verlag, 8022 Zürich, 3. Auflage 1977.
Sabady P.: Wie kann ich mit Sonnenenergie heizen? Helion-Verlag, 8022 Zürich, 4. Auflage 1980.
Sabady P.: Biosolar-Architektur, Werk-Archithese 19/20 1978, Zürich.
Sabady P.: Das Biosolar-Bauprinzip und seine praktischen Anwendungen, DBZ Gütersloh 1979.
Sabady P.: The Solar House, Newnes – Butterworths, London/Boston 1978.
Sabady P.: La maison solaire, Edition Apogee, Paris 1980.
Schenk H.: Der Goldene Schnitt, Rössler, Augsburg, 4. Auflage 1959.
Schneider A.: Gesünder Wohnen durch biologisches Bauen, Selbstverlag, Rosenheim 1979.
Schröder-Speck: Bautechnische Gesundheitsmassnahmen, Lotz-Verlag, Biberach, 2. Auflage 1972.
Solaria, Nr. 1/2 1978 und 1/2/3 1979, Keller, Brugg.
Solentec-Tagung: Solararchitektur, Göttingen 1979.
Steinhardt/Pribil: Sonnenplan, Hinteregger, Wien 1978.
Steinmann H.: Epitömüvészek az állatvilagban, Natura, Budapest 1978.
Skurka-Naar: Design for a limited planet, Mc. Graw-Hill, New-York 1976.
Sunset: Add-a-Room, Lane 1978.
Szokolay S.: Solar energy and building. Halsted, London, 1975.

Tages-Anzeiger Magazin Nr. 34, Zürich 1978.
Toth-Nilsen: Pyramide Power, Bauer-Verlag, Freiburg, 2. Auflage 1977.
Trykowski M.: Architektur und Energie, Diplomarbeit, München 1978.

Vale B. R.: The Autonomous House, Thames-Hudson, London 1975.
Vogel A.: Le petit docteur, Vogel, Teufen, 24. Auflage 1972.

Wauschura W.: Macht Beton krank? Die Zeit, Nr. 5, 4. 1974.
Winkler U.: Konf. Winterlicher Wärmeschutz, Bern 1977.
Wright D.: Natural Solar Architecture, Van Nostrand, New York 1978.
Wüst J.: Physikalische und chemische Untersuchungen mit einem Rutengänger als Indikator, Geobiologie, Eberbach 1979.

Zbinden F.- Hochbautechnik, Kongress, Zürich 1951.

Umrechnungstabelle für internationales Einheitensystem (SI)

Wärmemenge
Joule (J)

1 J = 1 Nm = 1 Ws
Umrechnung von alten in neue Einheiten:
1 cal ≈ 4,2 J
1 kcal ≈ 4,2 kJ
1 kWh ≈ 860 kcal

Leistung mechanisch
Watt (W)

W in J t in s
1 W = 1 J/s = 1 Nm/s
1 PS ≈ 0,75 kW

elektrisch
Watt (W)

U in V I in A
1 W = 1 VA

Temperatur
Kelvin (K)
Celsius (°C)

0 K = –273 °C
0 °C = 273 K
100 °C = 373 K
Temperaturdifferenz (Beispiel)
Δt = 20 °C = 20 K

Heizwert (Brennwert)
Joule pro Kilogramm (J/kg)

1 kcal/kg ≈ 4200 J/kg

Für die Genauigkeit der technischen Angaben, die Firmenprospekten und Forschungsberichten entnommen wurden, können Verlag und Autor nicht verantwortlich gemacht werden.

Autor und Verlag danken recht herzlich allen Personen, Organisationen und Firmen, die ihnen in irgendeiner Weise geholfen haben, die vorliegende Studie zu realisieren.

Es waren:
Aemisegger E., CH-Küsnacht
Alig A., CH-Zürich
Alltherm GmbH, A-Wien
Arbonia AG, CH-Arbon
Ardes, CH-Steinhausen
AWAK GmbH, D-Coburg
Bau-Fritz, D-Erkheim
Firma Bartscher, CH-Zug
BBC-SMW, D-Walldorf
BBC-Rollar, CH-Schlieren
Bieri AG, CH-Grosswangen
Blum D., CH-Horgen
Brandenburg H., CH-Zürich
Breuer E., CH-Genève
Brühlmann H., CH-Zürich
Brun R., CH-Maladers
Brunner U., CH-Zürich
Bosch GmbH, D-Wernau
Bossel U., D-Adelebsen
BSE, D-Essen
Fa. Buchtal, D-Schwarzenfeld
Bundesverband Kalksandsteinindustrie, D-Hannover
Contacta GmbH, D-München
Dachziegelwerk, D-Möding
Desarzens J., CH-Sullens
Dornier, D-Friedrichshafen
Eisenschink A., D-München
Emfa AG, CH-Unterengstringen
Energiedach GmbH, D-Lehrte
Esser GmbH, D-Düsseldorf
Europa-Ziegelwerk, A-Uttendorf
EZO-GmbH, D-Neu-Eichenberg
Faist A., CH-Lausanne
Faist M. KG., D-Krumbach
Féner T., H-Budapest
FIBAG, CH-Zürich
Flachglas AG, D-Gelsenkirchen
Füzessery L., CH-Lausanne
Grin C., CH-Lausanne
Grieder H., CH-Zürich
Gefas, D-Rheinfelden
Familie E. Hälg, CH-Geuensee
Halter A., CH-Windisch
Hard AG, CH-Volketswil
Dr. Hartmann E., D-Eberbach
Häusermann AG, CH-Lenzburg
Hornig A., D-Achberg
Hopmann F., Taos-USA
Hubeli E., CH-Zürich
Huber-Bühler, CH-Biel
Hug P., CH-Uetikon
Hutter K., CH-Männedorf
Jaccard L., CH-Curio
Kaplan GmbH, D-Heidelberg
Keller B., CH-Zürich
Keutner KG, D-München
Krevet-Solartechnik, D-Hallenberg
Landolt F., CH-Näfels
Laroche R., D-Düsseldorf
Leinsing L., D-Babenhausen
Lignum, CH-Zürich
Livos GmbH, D-Bodenteich
Lotz K., D-Biberach
Luif M. J., CH-Zürich
Mäder B., CH-Blauen
Mäder R., CH-Zürich
Mancini G., CH-Zürich
Michel J., F-Neuilly sur Seine
Mislin H., CH-Carona
Ostermann & Scheiwe, D-Münster
Dr. Palm H., D-Konstanz
Peter R., CH-Adliswil
Preisig J., CH-Herisau
Reusser H., CH-Zürich
Rösler Kamine, D-Dreieich
Sabady N., CH-Zürich
Schäfer U., CH-Zürich
Scherer-Solarbau, CH-Luzern
Schmidheiny J., CH-Zürich
Schneider A., D-Rosenheim
Schösswender GmbH, A-Salzburg
Schubarth AG, CH-Basel
Schweiz. Baudokumentation, CH-Blauen
Schweizer E. AG, CH-Zürich
Sibler P., CH-Zürich
Solar-Diamant GmbH, D-Neuenkirchen
Solar-Energie Technik, D-Neulussheim
Solar-Tech, CH-Biel
Steinfabrikanten, CH-Zürich
Steinemann H., CH-Rudolfstetten
Sterchi B., CH-Zürich
Stiebel-Eltron, A-Holzminden
Stioui A., F-Neuilly sur Seine
Thermiscan AG, CH-Zürich
Thyssen AG, D-Essen
Vama GmbH, D-Hildesheim
Verband Schweiz. Ziegel- und
Dr. Vogel A., CH-Riehen
von Gunten H., CH-Oberglatt
Wagner G., D-Lohr
Wagner G., D-Steinfeld
Wenger H., CH-Lengwil
Wictrade, CH-Baar
Wicanders, CH-Zug
Dr. Willy, CH-Zürich
Winkler B., CH-Zürich
Zürcher, CH-Schlieren
Zürcher Ziegeleien, CH-Zürich